我的38天

——一只蜜蜂的日记

侯泽俊 著

希望出版社

图书在版编目（CIP）数据

我的38天：一只蜜蜂的日记 / 侯泽俊著. -- 太原：希望出版社，2022.11

ISBN 978-7-5379-8754-7

Ⅰ. ①我… Ⅱ. ①侯… Ⅲ. ①蜜蜂科－儿童读物 Ⅳ. ①Q969.557.7-49

中国版本图书馆CIP数据核字（2022）第206002号

WO DE 38 TIAN——YI ZHI MIFENG DE RIJI

我的38天——一只蜜蜂的日记　侯泽俊 著

出 版 人：王　琦
责任编辑：乔　艳
复　　审：翟丽莎
终　　审：王　琦
美术编辑：安　星
插　　图：青　豆
印制总监：刘一新 李世信

出版发行：希望出版社
地　　址：山西省太原市建设南路21号
邮　　编：030012
开　　本：880mm×1230mm　1/32
印　　张：6
版　　次：2022年11月第1版
印　　次：2022年11月第1次印刷
印　　刷：山西新华印业有限公司
书　　号：ISBN 978-7-5379-8754-7
定　　价：28.00元

联系电话：0354-8518948 发行热线：0351-4123120

目录

第一篇　我的幼年

第二篇　我的童年

第三篇　我的青年

第四篇　我的壮年

第五篇　我的老年

前面的话

女王妈妈说，我是个有福气的小蜜蜜，出生在春暖花开的春季，注定一生都会生活在蜜的味道里。

女王妈妈说，我羽化时肥嘟嘟的，非常强壮，非常健康，长大了一定是采蜜的能手。

女王妈妈还说，当她第一眼看到我的时候，就特别喜欢我，于是，给我取了一个好听的名字——阿蜜。在我们蜜蜂王国里，女王妈妈的子女太多了，她不可能给每一个子女都取名字，成千上万的兄弟姐妹，都是以“m-x-1234”这样的形式做代号的。所以说，我真是一只幸福的小蜜蜂。

下面，我将以写日记的形式，给大家讲述我的成长故事。

亲爱的小朋友，请你先来认识一下我们蜜蜂王国的成员吧。

蜂王

生殖器官发育完全的雌蜂。由受精卵发育而成，双倍体。专司产卵，能产受精和未受精两种卵。通常每个蜂群只有一只。体较工蜂大，腹部较长，四翅仅盖住腹部的一半，生殖器官特别发达。已产卵的蜂王，除自然分蜂、飞迁外，极少飞离蜂巢。寿命3~5年。

雄蜂

雄性蜜蜂。单倍体，由未受精卵发育而成。在繁殖季节，强壮的蜂群中有数百至数千只。身体粗壮，头圆，尾粗，翅大，无蜇针。蜂群越冬前，自然淘汰。

工蜂

生殖器官发育不完全的雌蜂。完全变态，由受精卵发育而成，双倍体。活动季节，强盛蜂群中有数万只；在三型蜂（蜂王、雄蜂和工蜂）中个体最小，尾端有蜇针，后足有花粉筐，腹下有蜡腺，体内有蜜囊。寿命数周至数月。（我就是一只工蜂哦。）

第一篇　我的幼年

年　　　　段：幼年

工　　　　作：负责卵的保温、孵化，清理产卵房

最好的朋友：阿花姐姐

难忘的事情：女王妈妈表扬我工作认真

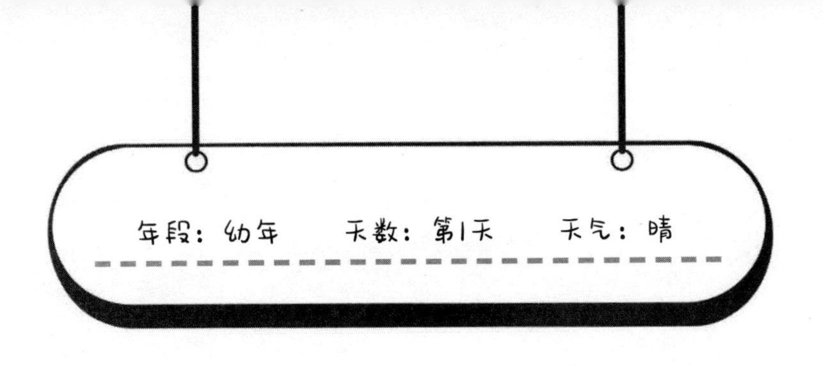

阿花姐姐

一大清早，女王妈妈就给我们训话：“我的小小女儿们，早上好。从今天起，你们就要开始劳动了，直到生命结束。作为蜜蜂王国的成员，劳动，是你们至高无上的荣耀；劳动，是你们一生中最快乐的事情；劳动，是你们的天职。一只不爱劳动、不会劳动的蜜蜂，将是我们蜜蜂王国的耻辱。”（在我们王国，女王妈妈称呼幼年蜂、童年蜂叫小小女儿，青年蜂叫小女儿，壮年蜂叫大女儿，老年蜂叫老女儿。）

女王妈妈连续几次说到了“劳动”，一想到能劳动，我就心潮澎湃，期待满满。我在心里暗下决心，一定要做一个劳动标兵。

女王妈妈望向我：“阿蜜，你是最棒的，赶紧带着大家去产卵房，给弟弟妹妹们保温吧！”

女王妈妈特别喜欢我，在前面我已经说过了，我的名字就是女王妈妈给取的。

我看着女王妈妈，信心满满，用力地点点头：“知道了，女王妈妈。”

说完，我迅速带着小伙伴们赶往产卵房。

在我们给弟弟妹妹们保温的时候，我听见女王妈妈又在给其他成员训话：“我的老女儿们，春暖花开，姹紫嫣红，蜜流成河，你们赶上了蜜一样的季节，能生长在这样的季节，你们是幸福和幸运的。这几天，太阳出得早，温度已逐渐升高，花儿们在夜里已经储满了蜜，早早地等着你们了。为了我们王国的富足，为了我们王国的强大，你们千万不要懒惰，千万不要懈怠，要趁着这么好的天气，努力地采蜜，储备更多的粮食。那样，冬天到来的时候，我们就不用担心了，就能安全地度过寒冷的冬天了。”

“知道了，女王妈妈！”大姐姐们齐声回答。

“另外，外出采蜜的时候，一定要注意安全！无

特殊情况，千万不要在蜜宫外过夜。”女王妈妈又嘱咐道。

我发现，女王妈妈在对她的老女儿们训话时，声音洪亮，既有严厉，又有关爱，还有催促。

采蜜姐姐们一个个精神振奋，纷纷飞出蜜宫，临别时向女王妈妈挥手：“女王妈妈再见，我们采蜜去了！”

女王妈妈也向她们挥手：“路上小心，我的孩子们，祝你们采蜜愉快！”

给采蜜姐姐们训完话，女王妈妈又给守卫们训话。

女王妈妈问站在最前面的守卫：“阿力，最近蜜宫门口有什么异动没有？”

阿力高大威武，精神抖擞，目光炯炯有神。我想女王妈妈也一定很喜欢她，要不然也不会给她取名字的。

“禀告女王妈妈，暂时没有发现有什么异动。”

“千万不可掉以轻心，要时刻关注胡蜂出没的情况，她们的攻击性很强，以前我们的蜜宫就被她们攻击过，牺牲了好多守卫和其他成员，你们一定要注意。还有，最近有其他王国的成员闯入我们王国的情况，你们要及早发现，及时进行阻拦和驱逐。”

“得令！”阿力和其他守卫异口同声地答道。

一缕温暖的阳光从狭小的蜜宫门口射进来，蜜宫里顿时变得好暖和。采蜜姐姐们在蜜宫门口来回穿梭，带回金灿灿的花粉和甜甜的花蜜。蜜宫里到处是一片忙碌的景象，但一切都是那么井然有序。

产卵房里，我陪在还是卵宝宝的弟弟妹妹们身边，给他们唱摇篮曲。摇篮曲是女王妈妈教我们的。

亲爱的小蜜蜜

女王妈妈喜欢你

我们也喜欢你

你们快快成长起

长大后我们一起去采蜜

饭点到了，一些姐姐们来给大一点的弟弟妹妹们

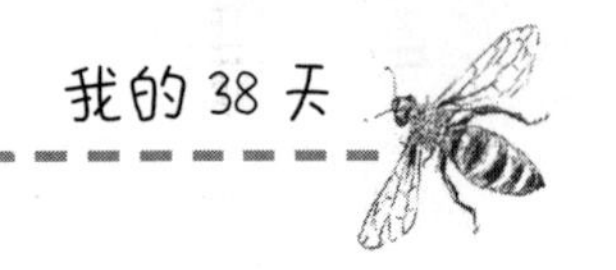

喂食。

一个姐姐来到我面前，笑眯眯地对我说："阿蜜，你好呀。"

我心中一暖，感觉这位姐姐好熟悉，但又想不起来。

"姐姐，你怎么知道我的名字？"我胆怯地问。

"我肯定知道你呀，在你还是卵宝宝的时候，就是我照顾你的，给你保温，给你唱摇篮曲。"姐姐微微一笑，"你羽化的时候，真强壮，肥嘟嘟的，女王妈妈看到你的第一眼，就非常喜欢你，给你取了'阿蜜'这个名字，当时我就在场。阿蜜，你真是太有福气了。"

"原来是这样！"

"那姐姐，你叫什么名字呢？"

"姐姐没有名字，姐姐的代号是m-w-398。在我们王国，不是每只蜜蜂都有名字的。"

听到姐姐没有名字，我的心里掠过一丝难过。我想了想，问道："姐姐，我可以叫你阿花姐姐吗？"

“可以啊。”m-w-398很开心的样子。不，现在是阿花姐姐了。

“太好了，阿花姐姐，我什么时候才能试飞？什么时候才能去采蜜？蜜宫外面到底是什么样子的？采蜜有趣不？……”我一下子问了阿花姐姐好多问题。

“阿蜜，我的好妹妹，你别着急，这些我们都会教你的。”

阿花姐姐比我大6天。

阿花姐姐敞开怀抱，我和阿花姐姐紧紧地拥抱在一起。

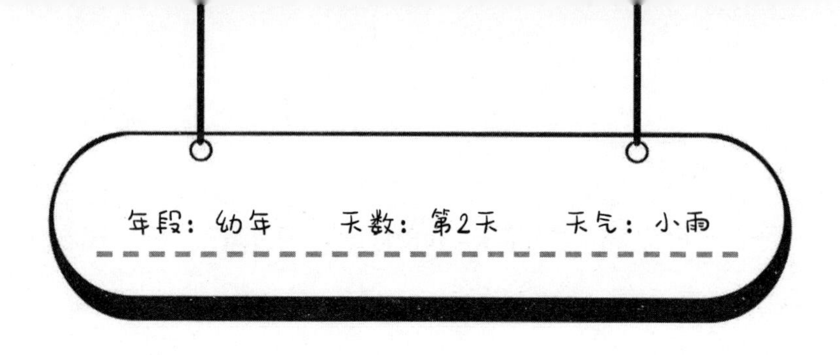

颁奖典礼

今天，据信息兵报告，蜜宫外面下着小雨。我在蜜宫里，已经隐隐约约地听到了滴滴答答的雨声。

采蜜的姐姐们不能出去采蜜，我听见她们都在抱怨。

“这天气，说变就变，昨天还是晴空万里，今天就下起了小雨，那片金灿灿的油菜花，还在等着我去采呢！”

“是啊，现在蜜宫里的宝宝们增多了，急需更多的花粉和花蜜，我的心里好着急！”

……

“我的老女儿们，别再抱怨了，月有阴晴圆缺，四季有更替，这些都是自然法则和自然规律，我们是阻止不了的，也改变不了。我们唯一能做的，就是适应和等待。你们已经连续工作好几天了，正好可以休息一下，养精蓄锐，等天气好起来，再迅速投入到工作中去。”女王妈妈听到采蜜姐姐们的抱怨，出言安慰她们。

女王妈妈望向一个守卫姐姐，说道：“m-h-55，通知下去，除各岗位必须坚守的成员外，其他成员马上到大殿集合，春季的采蜜已经进行了一个阶段，我们举行一个颁奖典礼。”

“得令，女王妈妈。”

m-h-55是女王妈妈的大女儿，她高大威武，精干强健，是专门从守卫中精挑细选出来为女王妈妈做保卫服务的。

颁奖典礼正式开始。

整个大殿威严、肃穆，女王妈妈头戴王冠，安详地坐在大殿中央，她的周围依次整齐地站着各个方队。我细数了一下，有采集队、侍从队、酿蜜队、筑巢队、守卫队、清扫队、饲喂队等等。当然，我和我的小伙伴们，都站在保温队里面。

我向庞大的队伍里面不断地扫视，想看看阿花姐姐在哪里。才扫视到饲喂队伍，我就发现了阿花姐姐，她也发现了我在看她，冲着我微笑，我会意地也冲着她微笑。

颁奖典礼由m–h–55主持。

“我宣布，蜜蜂王国第三年春季采蜜第一届颁奖典礼现在开始。首先，请女王妈妈为我们讲话。”

m–h–55的话音刚落，大殿里响起热烈的掌声。

女王妈妈缓缓地从椅子上站起来：“我的女儿们，我的儿子们，截至目前，我们王国共有成员9500余名，15000余个储蜜房，其中，封盖蜜房9000余个，未封盖蜜房6000余个。这些辉煌的成绩，是你们大家辛勤劳动的结果。为了表彰先进，激励大家，我们特举办本次颁奖典礼，希望大家以先进为榜样，奋勇争先。在此，女王妈妈谢谢你们。”

说完，女王妈妈向大家深深地鞠了一躬。

大殿里又响起雷鸣般的掌声。

m-h-55继续主持颁奖典礼。

“首先，颁发第一个奖，最佳饲喂奖，请听颁奖词。”

整个大殿异常安静。

“她，是用心在进行饲喂，是用情在进行饲喂。因为有了心、有了情，她饲喂的蜂王浆，是最美最有营养的食物。最佳饲喂奖获得者——m-w-398，有请m-w-398前来领奖！”

大殿里再次响起雷鸣般的掌声。

m-w-398就是阿花姐姐。

我在队伍中，看见阿花姐姐激动不已地走向大殿中央，女王妈妈亲自给她戴上一顶漂亮的小王冠，真替她高兴呀！

颁奖典礼继续进行。

“她，起得最早，回来得最晚。外面怡人的风景她不是不想欣赏，累了、困了她不是不想休息，只因她有一个信念，最宝贵的时间只有用在采蜜上，才是最幸福的。最佳采蜜奖获得者——m-h-3568，

有请！”

当m–h–3568幸福地走向大殿中央时，我眼睛一花，仿佛大殿上的m–h–3568，就是自己。

在又陆续颁出其他奖项后，颁奖典礼在欢乐的气氛中结束了。

今天，我没有获奖，但我已经下定决心，等我长大后，一定要拿一个“最佳采蜜奖”，这是我的梦想。

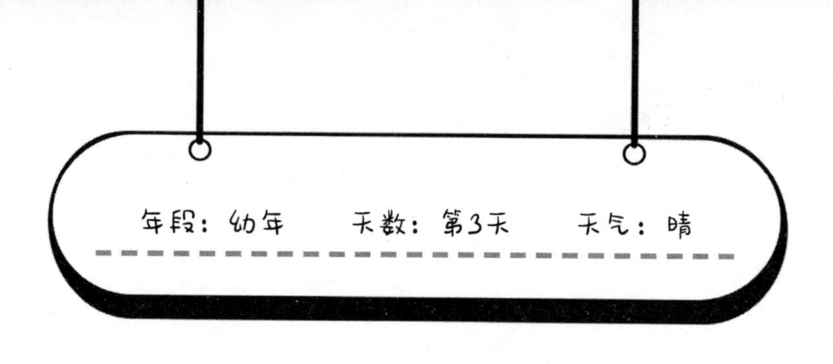

蜂王浆

蜜宫里，温度刚好。偶尔，阵阵花香从蜜宫门口飘进来，飘满整个蜜宫，我重重地吸了几口，真甜美，真香啊！

现在是晚上，是睡觉的时候。大家都忙碌了一天，准备睡觉了。

我依偎着阿花姐姐。阿花姐姐摸摸我的头，问道："阿蜜，今天开心吗？"

"开心！我照顾的弟弟妹妹们，再过几天就要羽化了。今天我干活时，特别卖力，女王妈妈巡查时，还表扬了我呢。"

阿花姐姐侧过头，小声地说道："阿蜜，从明天起，你就要告别你的幼年，进入童年了，有很多事情

等着你去做呢。”

想着即将进入童年，能做更多的事情，我内心顿时充满了期待。

“另外，从明天起，你就不能吃蜂王浆了。当然，我们也不会给你吃的，因为那是违反蜜蜂王国的规定的。”告诉我这些内容的时候，阿花姐姐显得很严肃。

“我为什么不能吃蜂王浆了？”我着急地问。

“嘘，小点声！别让女王妈妈听见了。”阿花姐姐示意我，“因为蜂王浆很少，只能给最需要的家族成员吃。”

“那蜂王浆留给谁吃呢？”我问道。

“是给还没有羽化和羽化三天之内的弟弟妹妹们吃的。另外，蜂王浆还是女王妈妈的专属食物。”

我点点头，心想女王妈妈是女王，蜂王浆给她吃，也是理所当然的。不过，我转念一想，从明天起，我的食物会是什么呢？

“阿花姐姐，那明天我吃什么？”我担心地问。

“你可以吃金灿灿的花粉，还可以吃甜甜的蜂蜜。只要不浪费，想吃多少就吃多少，我们王国的食物充足得很。”

我悬着的心终于落了下来。想着明天能吃到花粉和蜂蜜，我吞了吞口水，真想马上就饱餐一顿。

“我的女儿们，忙完事情的就赶紧睡觉了，据信息兵报告，明天的天气特别好，花儿们的花蜜充足，花粉丰产，你们早睡早起，抓紧生产，到冬天来临的时候把粮食储备好，我们好安安心心地过冬！”

我和阿花姐姐对视一眼，知道又是女王妈妈巡查到我们这排房间了。我们都屏住呼吸，不敢出声。

等女王妈妈走远了，阿花姐姐悄悄地问我：“阿蜜，在我们王国，你觉得谁最辛苦？”

我挠了挠头，想了想。

“采蜜姐姐。”

阿花姐姐摇摇头。

“守卫兵！”

“别着急，再好好想一想。”

我再次挠了挠头，突然眼睛一亮，兴奋地说道：“有了，是女王妈妈！”

“对，是女王妈妈。在我们王国，女王妈妈最辛苦，为了我们王国的强大，她每天要在产卵房里产许多卵宝宝。另外，她还要进行巡查，安排王国里大大小小的事情。要是没有了女王妈妈，我们王国马上就会乱套。”

听了阿花姐姐的话，我觉得女王妈妈真的是太辛苦了。想到这里，我对女王妈妈更加肃然起敬。

“阿花姐姐，我们该如何报答女王妈妈呢？”

“报答女王妈妈最好的方法就是勤劳工作。”阿花姐姐摸摸我的头，“好了，阿蜜，时间不早了，咱们赶紧睡吧，明天我还有很多事情要做。祝你即将到来的童年快乐！”

我小声地回答：“谢谢阿花姐姐的祝福。晚安！”

第二篇　我的童年

年　　段：童年

工　　作：负责饲喂大幼虫，调剂花粉与蜂蜜

最好的朋友：阿花姐姐

难忘的事情：加班酿蜜有了黑眼圈

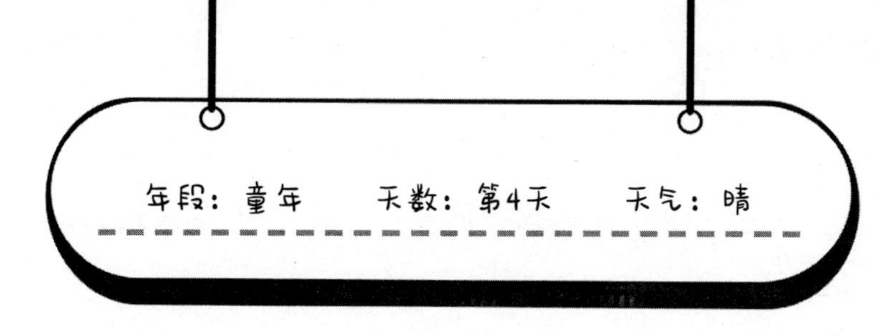

酿 蜜

今天，是我进入童年的第一天。

阿花姐姐已经告诉我，在童年，我的主要任务是调剂花粉与蜂蜜，还有就是饲喂已经长大一些的弟弟妹妹们。

我特意起了个大早，早早地赶往酿蜜房，远远地就闻到了花粉的幽香，还有蜜的香甜。我停住脚步，深深地吸了口气，微闭着眼睛感叹道："真香，真甜啊！"

赶到酿蜜房，我以为我是最早到的，没想到酿蜜房一片繁忙的景象，有的姐姐在搬运花粉，有的姐姐在碾压花粉，蒸蜜、扇风……整个酿蜜房内，大家忙得不可开交。

m–h–1985看到我，向我招招手，示意我过去。m–h–1985是酿蜜队的队长。

我快步来到m–h–1985的面前。

m–h–1985伸出手和我握手，很高兴地对我说：“阿蜜，欢迎你加入我们酿蜜队。酿蜜队很辛苦，经常要加班，一加就是一个通宵，希望你能挺得住。”

“我能吃苦！我能挺住！”我很自信地说。

“看你这身板，看你这精神，我信！”m–h–1985拍拍我的肩膀，“你刚来，先到东库那边去扇风吧。”

“好的。”我点头答应。

在赶往东库时，我在心里纳闷，m–h–1985是不是生病了，怎么两只眼睛都有黑眼圈？

赶到东库时，好多姐姐都在使劲地扇动着翅膀，用风力将蜜里面的水分蒸干。我望了望她们，吓了一跳，因为她们也和m–h–1985一样，一个个都有黑眼圈。我又在心里纳闷，难道她们集体生病了？

“你们……你们这是怎么了？怎么都有黑眼

圈？”我心里十分害怕，忍不住问。

一个姐姐边扇风边说：“阿蜜，最近天气好，又是大流蜜期，蜜宫里进粉和原蜜都太猛了，白天时间不够用，我们必须利用晚上的时间加班调剂花粉与蜂蜜。你看我们，都两宿没合眼了，于是就有了黑眼圈。”

我恍然大悟，早上的时候我以为自己是来晚了，原来她们根本就没有睡觉。

“我们这个样子，没吓着你吧？”另外一个姐姐风趣地问。

我连忙摆摆手，说：“没吓着。我来帮你们，我也要有黑眼圈。”

“欢迎你的加入，你肯定会像我们一样有黑眼圈的！”大家都笑起来。

我加入了酿蜜队伍，跟着姐姐们用力地用翅膀扇风来蒸发蜜中的水分。

晚上，采蜜姐姐们都准备睡了，清扫队、筑巢队也准备睡了，只有我们酿蜜队仍在继续紧张地忙

碌着。

劳动了一天，我感觉腰酸背痛，手都抬不起来，腿也直打战，真想美美地睡上一觉。可是，一看到大家都在聚精会神、一丝不苟地工作着，一想到还有很多花粉和花蜜没有加工，我立刻振作起精神，继续投入到工作中。

女王妈妈来看我们了。

“我的小小女儿们，辛苦你们了。我知道，你们有的几天都没合眼了，但现在是生产的关键时期，一刻也不能耽搁，必须加紧生产。”

“好的，女王妈妈！”我们齐声回答。大家都没有怨言，因为我们都深知任务艰巨、责任重大，我们必须全力以赴。

女王妈妈望向m–h–1985，说道：“m–h–1985，你统筹一下，连续加班的成员要轮班休息一下，也不能劳累过度了。”

“得令！谢谢女王妈妈，我会统筹安排的。”m–h–1985说。

女王妈妈巡查完酿蜜房后，很是满意，一边夸赞我们，一边对我们说：“来，孩子们，我们一起唱酿蜜歌。”

酿蜜房里，花蜜散发出水蒸气，烟雾缭绕，到处蜜香弥漫。我们一个个精神抖擞，唱起了我们的酿蜜歌。

小蜜蜂

嗡嗡嗡

飞在花丛中

采了花粉花蜜回蜜宫

小蜜蜂

嗡嗡嗡

努力加班中

酿出甜甜蜂蜜备过冬

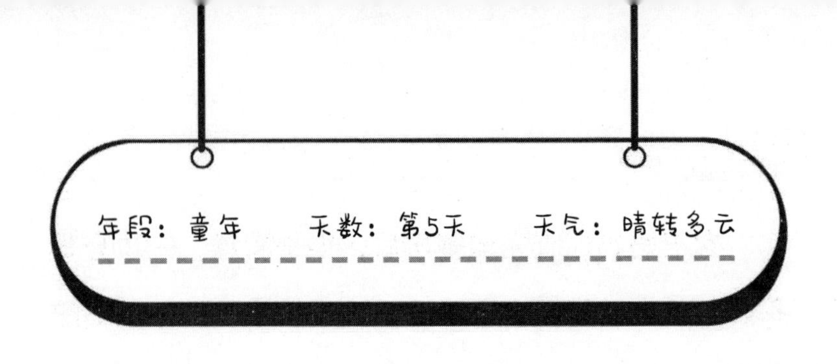

难过的一天

今天，我的任务还是继续调剂花粉与蜂蜜。

昨天晚上，我们的酿蜜队长m–h–1985非常关心我，让我休息了两个小时。但一觉起来，我还是感觉特别困，真想再多睡一会儿。可一想到现在正是大流蜜期，必须抓紧时间酿蜜，积累粮食，我立刻又来了精神。

我刚工作一会儿，m–h–3568姐姐已经采蜜回来了，她是今天第一个采蜜回来的姐姐。

我十分惊讶：“姐姐，天刚亮，你怎么都采蜜回来了？你这也太早了吧！”

“阿蜜，这你就不知道了，昨天晚上月明风清，花儿们在夜里就蓄好了蜜，天刚蒙蒙亮，我就出发了。这不，第一趟蜜已经给你们带回来了，你们可要酿好，千万不要酿酸了哦！”

“姐姐，你尽管放心吧，我们绝对不会酿酸的。”我信心满满地说。

m-h-3568姐姐卸完蜜，对我说：“阿蜜，姐姐要去采第二趟蜜了，我今天要争取采八趟蜜。”

我一听，八趟蜜，m-h-3568姐姐太能干了。一般的姐姐，一天最多只能采六趟蜜。

我边向m-h-3568姐姐招手，边说：“姐姐，注意安全，我在酿蜜房等着你。”

“好的，我会及时回来的。”说完，m-h-3568姐姐迫不及待地飞出了蜜宫。

据信息兵报告说，今天蜜宫外温度适宜，全天多云，原蜜充足，是一个大丰收的日子。

蜜宫里，酿蜜、饲喂、守卫、清扫，所有的成员都有条不紊地忙碌着。女王妈妈也到处进行巡查。

转眼，阳光已经射到蜜宫门口了，我知道，太阳已经升得很高很高了。我在心里琢磨着，m-h-3568姐

姐第二趟采蜜应该回来了，她不是说，今天要采八趟蜜吗。我打趣地想，是不是她今天起得太早了，在花朵里睡着了——风吹着花朵，摇呀摇，多惬意啊！这样想时，我不由自主地咯咯笑出声来。

想到睡觉，我打了一个呵欠，昨天晚上我也只睡了两个小时。

到中午的时候，还不见m–h–3568姐姐回来。我的心开始慌了。我越想越纳闷，这个时候m–h–3568姐姐早该回来了呀。突然，我的脑海里闪过一丝不好的念头：是不是m–h–3568姐姐遇到什么问题了？

我越想越感觉不对劲。于是，我一边酿蜜，一边打听情况，只要回来一个卸蜜的姐姐，我就会追问："姐姐，你看到m–h–3568姐姐了吗？"

可是，连续问了好多姐姐，都说没有看到她。

下午，在我快要失去信心的时候，有一个姐姐叹着气，说："早上的时候，我和m–h–3568一起采好花蜜和花粉，我们飞到静月湖上空的时候，一阵大风吹来，m–h–3568由于托的花粉太多了，顶不住大风……”

“到底怎么了？你倒是说呀！”我抓住m–h–9566的手，使劲地摇晃，急切地问。

“掉到湖里了！”

突然，我的头一晕，眼前一下子模糊起来。

晚上的时候，我把这个沉痛的消息告诉了女王妈妈。女王妈妈摸着我的头说：“妈妈中午就知道了，m–h–3568是好样的。虽然她走了，但她是我们蜜蜂王国的骄傲，勤劳的品质在她的身上体现得淋漓尽致，妈妈会永远记住她的。阿蜜，你也要记住m–h–3568姐姐，学习她的勤劳品质。”

我望着慈祥的女王妈妈，认真地点点头。

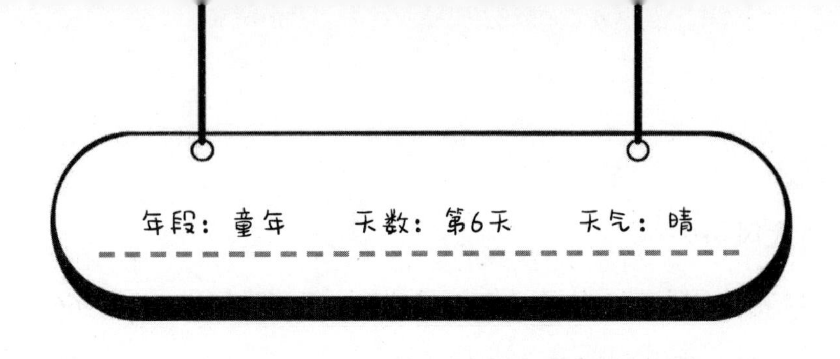

我也有了黑眼圈

“哼，真是一群懒惰的家伙！整天游手好闲，什么事也不干。而且，食量居然还那么大，一点也不知道节约。太讨厌了！”

我一边小声嘀咕，一边卖命地酿蜜。

大家都用诧异的眼神望着我，但她们并没有听清楚我在嘀咕什么。

事情还得从一个小时前说起。

酿蜜房里，我们都在拼命地酿着蜜，突然有几个家伙闯进来。我一看，她们都很高大，身体只比女王妈妈小一点。

我以为她们是守卫。于是我上前问道：“姐姐们，这里是酿蜜房，不能随便进来，你们来干什么？”

“阿蜜，你真是糊涂，亏女王妈妈还夸你聪明，居然不知道我们。我现在郑重地告诉你，我们不是姐姐，我们是哥哥！”他们嘲笑我。

我迟疑了一下，想起了女王妈妈告诉我的，他们应该就是我们蜜蜂王国里的雄蜂。

“那哥哥们，你们来酿蜜房干什么，是不是来帮我们酿蜜的？”我追问。

“阿蜜，你又在说傻话吧？在我们蜜蜂王国，你见哪个雄蜂干过活？我再次郑重地告诉你，我们的一生，从不干活，也从未干过活。”他们得意地说，声音很洪亮。

“什么？从不干活？女王妈妈不是告诉我们，在我们蜜蜂王国，每个成员都以劳动为荣吗？”

“哈哈，女王妈妈说的，是针对你们这些工蜂的。”

居然还有这样的事，这也太不公平了吧，我在心里想。改天我要亲自去问问女王妈妈。

他们在酿蜜房里东游西逛，嘻嘻哈哈，眼睛直勾勾地盯着新酿好的蜜。

“你们盯着储蜜房看什么？”看到他们贼头贼脑的样子，我警惕地问。

他们嬉皮笑脸地说道：“阿蜜，新蜜的味道太美味了，我们来尝尝。”

还没等我同意，他们居然已经开始“品尝”起来。我在旁边看着他们“品尝”，给我的感觉就是狼吞虎咽。

他们吃得好开心，还连声说：“新蜜就是好吃，不错不错！”

看着看着，我开始不停地吞咽口水。这些新蜜，我们平时可都舍不得吃。

“品尝”了好一阵，他们终于停了下来，满意地抹抹嘴，说：“好吃好吃，我们明天再来吃。”说完，带着得意的笑容走了。

他们刚走，我立刻跑到他们吃过的储蜜房一看。真是吓我一跳，储蜜房的蜜被他们吃了好多。他们一顿的食量，足够我们吃好几顿的。要是长期如此，我们的蜜宫就要被吃空了！不行，我得向女王妈妈反映。

我找到女王妈妈，把雄蜂哥哥的事情说给女王妈妈听。

女王妈妈看了看我，说："阿蜜，好孩子，你说的这些我都知道，你是为我们的王国着想。但是，这些雄蜂也是我们王国存在的必然，以后我会告诉你的，相信女王妈妈，女王妈妈不会故意偏袒他们的。"

我虽然不理解女王妈妈的话，但我还是点点头，我相信女王妈妈的话一定是有道理的，因为女王妈妈所做的一切，一直以来都是为了我们整个蜜蜂王国。

几天没有看到阿花姐姐了，晚上的时候，我抽出一小会儿的工夫去看阿花姐姐。

阿花姐姐看到我，咯咯地笑起来："阿蜜，好样的！"

我感觉有问题，于是左顾右盼，然而并没有发

现什么异常。我问阿花姐姐：“阿花姐姐，什么好样的，你笑什么？”

“我笑你！”阿花姐姐说。

“笑我？笑我什么？”

“我笑你也有了黑眼圈。”

我一惊，连忙找来镜子一看。果然，我也有了黑眼圈。

我也咯咯地笑起来。

第三篇　我的青年

年　　段：青年

工　　作：分泌蜂王浆，饲喂小幼虫和蜂王

最好的朋友：女王妈妈

难忘的事情：女王妈妈给我们讲夏天、秋天和冬天的故事

年段：青年　　天数：第7天　　天气：多云

侍　从

今天真高兴，因为从今天起，我告别了童年，正式进入青年，是一只青年蜂了。按照蜜蜂王国的法则，青年蜂的主要任务是分泌蜂王浆，饲喂小幼虫和蜂王。

根据女王妈妈的吩咐，我们一起刚刚成为青年蜂的同伴，全都在大厅里集结，女王妈妈要亲自挑选给她饲喂的侍从。

我站在队伍里，远远地就看到女王妈妈向我们走来。她高大威武，精神抖擞，步履从容。

女王妈妈来到我的身旁时，我特别兴奋，想张口唤女王妈妈，但又担心自己太唐突，就没喊出声来。

女王妈妈一眼就认出了我，喊我的名字：“阿

蜜，时间过得好快，你都成为青年蜂了。”

我点点头：“是的，女王妈妈。”

“好样的，勇敢地承担青年蜂的责任吧！”女王妈妈说。

女王妈妈缓缓地绕着我们走了一圈，不断地打量着每一个成员。只见她一会儿摇摇头，一会儿露出满意的微笑，一会儿又在犹豫和思考。我知道，女王妈妈是在认真地观察我们，是在仔细地考察我们。

最终，经过女王妈妈的筛选，我和其他一些姐妹一起成为她的侍从，负责女王妈妈的饲喂。

能成为女王妈妈的侍从，我真是高兴。因为，这样一来，我就随时都可以和女王妈妈待在一起。但同时我也知道，要做好一名侍从，必须要有很强的敬业精神，必须时刻准备着分泌出蜂王浆提供饲喂，一刻都不能懈怠。我憋足了劲，我相信，以我的认真态度和吃苦精神，一定能很好地完成这项任务。

挑选完侍从后，女王妈妈马不停蹄地赶往产卵房，我们紧紧地跟随着女王妈妈。每一间产卵房都被清扫队清理得干干净净，我看到女王妈妈不停地往每一间产卵房里产卵。我一直都走在女王妈妈的正前方。过了一会儿，女王妈妈停止了移动，我知道她饿了。于是，我赶紧将蜂王浆喂给了女王妈妈。

晚上的时候，酿蜜房还在加班酿蜜。女王妈妈来到酿蜜房看望大家。一进酿蜜房，我看到她们都顶着黑眼圈，不用说，这是连夜加班没休息好造成的。女王妈妈一边巡查，一边勉励，大家都很受鼓舞，干活也更卖力了。整个酿蜜房里热火朝天，如同白天一般。

离开酿蜜房后，女王妈妈又在蜜宫里巡查了一遍。除了酿蜜房，大家都睡了。女王妈妈来到自己的寝宫，也停止了工作，我们静静地守护在她的身边。

女王妈妈虽然劳累了一天，但她仍不忘鼓励我，欣慰地望着我说："阿蜜，今天的表现不错。"

"谢谢女王妈妈，我会更加努力的。"得到女王妈妈的认可，我心里美滋滋的。

"阿蜜，你现在已经进入青年了，你知道自己的

生命有多长时间吗？”女王妈妈神色严肃地问我。

我平时根本没有想过这个问题，所以一时答不上来。

女王妈妈知道这个问题对我来说太沉重了，就没再问我，而是对我说：“阿蜜，你出生、生长在大流蜜期，你的工作任务注定是很繁重的，你也会因为繁重的工作，渐渐地老去，最终离去。以正常的自然法则，你是不会经历完整的夏天的，秋天和冬天你更是无缘见到。世界很美妙，四季的交替会给我们呈现出不同的景色，带给我们不同的感受。从明天起，我会把夏天、秋天、冬天蜜蜂王国的故事讲给你们听，以这样的形式弥补你和其他同时段出生的女儿们的遗憾，让你们的生命更加完整。”

我认真地听着女王妈妈的讲述，心情一下子沉重起来。不过，在女王妈妈向我露出微笑后，我转念一想，女王妈妈要给我们讲述夏天、秋天、冬天的故事，心里一下子好满足。

今晚我很快就睡着了，并进入了甜美的梦乡。

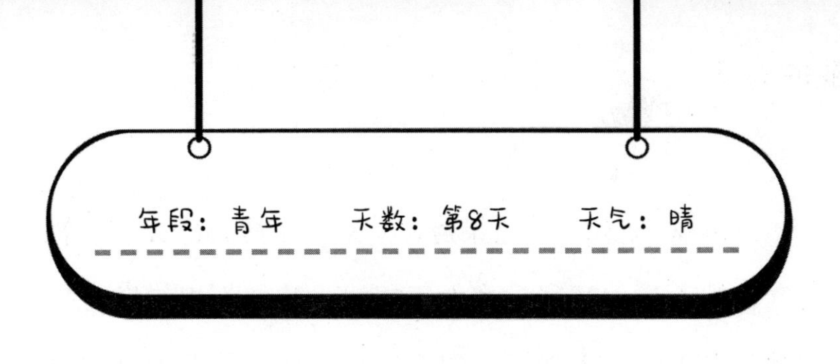

散散歌

昨晚，我睡了一个好觉，起来的时候，我照镜子，发现在酿蜜时有的黑眼圈已经完全看不见了。我知道，我的睡眠已经得到了足够的保障。

中午的时候，一个采蜜姐姐把女王妈妈惹怒了。事情是这样的：有信息兵报告女王妈妈，有一个采蜜姐姐在偷懒。

女王妈妈一听，非常生气，整个蜜蜂王国正是抓生产的关键时期，居然还有蜜蜂敢偷懒，真是胆子不小。于是，信息兵通知那个采蜜姐姐速速来见女王妈妈。

“m–w–6532，听说你在偷懒，可有此事？”女王妈妈训斥道。

m-w-6532一看这架势，知道女王妈妈已经有了怒气，忙不迭地解释："女王妈妈，我并不想偷懒，是因为今天天气太热了，温度很高，我想等温度低一点再出去采蜜。"

"天气太热？其他采蜜成员都受得了，你怎么就受不了？难道你很特殊吗？"女王妈妈越说声音越高、越威严，"再说了，现在是春天，你就说太热，真正热的日子还在后头呢！"

我看见m-w-6532连连点头，一副惊恐害怕的样子："女王妈妈，我知道错了，我这就去采蜜。"说完，准备马上离开。

"站住！"女王妈妈又呵斥道，"你还没有完全明白我的意思，我不是责怪你懒惰，我的意思是就现在这个气温，比起夏天来好多了，正是劳动的好天气。当然，如果你身体不舒服，说出来，该休息就休息。"

我发现，女王妈妈严厉中充满着关心和爱护。

"女王妈妈，我明白了，我身体很好，我这就去采蜜。”m-w-6532坦然了许多。

望着m-w-6532离去的背影，我突然想到，我们蜜宫里，正是因为女王妈妈这样严格要求每个成员都尽心尽力地工作，不能有半点懈怠，才会有我们王国现在的生机和活力。

晚上的时候，我们侍从队围着女王妈妈坐在一起，听女王妈妈给我们讲故事。

女王妈妈先教我们唱了一首歌，叫《散散歌》，歌词的内容是：

你运水

我扇风

我们大家齐扇风

齐扇风

降温度

蜜宫里面好凉爽

唱完歌，女王妈妈问我们：“你们知道这首歌讲的是什么意思吗？”

我们都摇摇头。

“中午m-w-6532的事情，你们都知道了吧？”

我们又都点点头。

“今天，女王妈妈以m-w-6532的事情为引子，给你们讲讲夏天的故事。”女王妈妈用温和的口吻给我们继续讲道，“夏天的时候，火热的太阳炙烤着大地，空气中翻滚着热浪，特别是中午的时候，气温特别高，我们的蜜宫本来空间就很小，因此温度就更加高，就像一个小火炉一样。”

“那怎么办呢？”我问道。

“肯定是有办法的，我们蜜蜂家族是很聪明的。一到夏天，在蜜宫里，我们不管是工作或睡觉，都会散开来，不扎堆。我们还有一支专门的运输队，从蜜宫外把水运进来，把微小的水珠散布在蜂巢上，然后大家用翅膀扇风以帮助水蒸发，一起把过热的空气扇出蜜宫外。”

我们都听得好入迷，我的翅膀也跟着不自觉地扇动了几下。

“夏天的晚上，按照蜜蜂王国的规定，除了必要的留守队伍外，其他成员可以在蜜宫门口睡觉。我的小可爱们，你们闭上眼睛想一下，在蜜宫外睡觉，会是一番怎样的情景？”

我们都闭上眼睛，想着可能发生的情景。我听见大家纷纷发言：

“在蜜宫外，可以吹吹风。”

“可以闻到花香。”

“可以睡在有露水的草丛中。”

……

我闭着眼睛，也抢着说：“还可以观赏天上的月亮和星星，真是太有趣，太棒了！”

大家继续有说有笑，我们感觉女王妈妈说的夏天，也并不是那么糟糕。

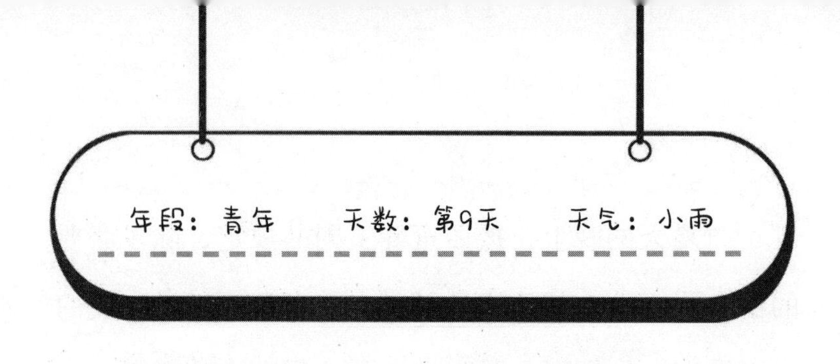

夏天的战斗

又到了讲故事的时间。今天，女王妈妈继续给我们讲夏天的故事。

女王妈妈问我们："我的小可爱们，昨天我讲到夏天的时候非常炎热，为了降温，大家一起扇动翅膀，把过热的空气扇出蜜宫外。可你们知道吗？在扇风的时候，大家都是尾朝蜜宫里，头朝外。你们想知道这是为什么吗？"

"想！"我们答道。

"那好，我就给你们说说。"女王妈妈扫视了我们一圈，"作为一个蜜蜂王国，时时刻刻都存在着风险与危难。夏天开始，我们的天敌就陆续出现了。"

"谁是我们的敌人？"有个小姐姐问。

“胡蜂！”女王妈妈说出这个名字的时候，脸上露出很气愤的表情。

我们顿时紧张起来，我突然感觉，敌人好像就在身边一样，身体不自觉地打了一个寒战。

“这些家伙翅膀发达，飞行速度快，最可恶的是，雌蜂有可怕的螫刺，与毒腺相通，分泌毒液，毒性较强。这些家伙经常到我们蜜宫来进行骚扰和抢夺，偷吃或抢走我们的食物。有些时候，甚至会残忍地杀害我们的守卫……”

我发现，女王妈妈说到这里时，不由得哽咽起来，眼睛里充满了对胡蜂的厌恶和憎恨。

“女王妈妈，我们的王国可不能任由胡蜂胡作非为，大家是怎么抵御她们的骚扰的？”我们追问女王妈妈。

女王妈妈平复了一下情绪，提高了声音说道：“问得好，我们肯定不能坐以待毙。首先，我们利用气味法对她们进行驱赶。我们的工蜂们会从体内分泌出一种黑色的物质，然后与粪便混合在一起，形成一种特殊的物质，这种物质具有刺激性气味。我们把这种物质撒在蜜宫门口，就能够遮掩住蜜宫内部的味道，而且具有一定的防御作用，使胡蜂不能轻易找到蜜宫的入口。同时，这种物质的味道，还会使胡蜂感到厌恶而离开。”

我在心里悄悄地松了一口气，这真是一种好办法。可是我发现我高兴得过早了。

女王妈妈接着说：“虽说这种特殊物质的味道能驱逐大多数胡蜂，但是，对于一部分胡蜂来说，这种办法是不起作用的。所以，一到夏天，我们王国必须随时警惕胡蜂的入侵。因此在扇风的时候，我们总是头向外扇风，眼睛随时关注蜜宫门口的情形，一旦发现有敌情，扇风的蜜蜂会第一时间向蜂群发出警报，从而共同抵御敌人。”

我们都恍然大悟。

“女王妈妈，如果发现了胡蜂入侵，大家是怎么抵御的呢？”我们继续问道。

“虽然胡蜂的攻击力强，但我们王国的成员非常团结。不畏牺牲、视死如归，这种精神是我们王国能战胜敌人的法宝。具体说来就是，当发现敌人入侵时，我们的战士们会前赴后继地冲上去，通过抱团的方式将胡蜂团团围住，最终形成一个大大的蜂球，让敌人在里面窒息而亡。”

女王妈妈讲到这里时，蜜宫中顿时充满了凝重的气息。

我闭上眼睛，默默地想象着那惨烈的情景。

过了一会儿，我小声地问：“女王妈妈，冲上去的成员会牺牲吗？”

女王妈妈迟疑了一下，很严肃地答道：“会！特别是最先冲上去的成员，在与敌人殊死搏斗的过程中，牺牲肯定是难免的。但如果我们都怕牺牲，畏惧不前，我们将会付出更惨痛的代价，甚至会全军覆没。我们王国的战士们用敢于牺牲的精神，以最小的代价换来最大的胜利。”

女王妈妈刚说完，我们都不约而同地鼓起掌来。

我也在心里想，如果有一天，当敌人来犯时，我

会不会是第一个冲上去的呢？我很确信地回答：会！一定会！

我侧过身，悄悄地问旁边的一个姐姐："如果有一天，当敌人来犯时，你会不会是第一个冲上去的呢？"

"会！一定会！"

怎么和我想的一样？我咯咯地笑出声来，引来大家诧异的目光。

年段：青年　　天数：第10天　　天气：阴

秋天的战争

“我的小可爱们，昨天我给你们讲的是我们蜜蜂王国与外敌的战斗，今天我要给你们讲的是我们蜜蜂王国之间的战争。”

我认真地听着，发现女王妈妈用的是两个不同的词语：“战斗”和“战争”。

“战斗，是敌对双方进行的有组织的武装冲突；而战争，是一种集体有组织的行为。战争与战斗比起来，规模更大，影响也更大。”女王妈妈就像是知道我留意到了这两个词语的区别，给我们解释道。

“女王妈妈，秋天为什么会发生战争？”我们问。

“为了争夺食物！”女王妈妈回答。

“为什么要争夺食物呢？”我们又问。

“自然法则！”女王妈妈看着我们，“这是谁也阻止不了的！”

每当女王妈妈讲到这种严肃的话题时，空气中总会弥漫着凝重的气息，我们都屏住呼吸认真地听着。

“现在是春天，你们一飞出蜜宫，到处都是花海，到处都是花蜜。可是，一旦到了秋末，大地到处是一片萧条的景象，百花凋零，基本上就没有蜜源了。没有了蜜源，就不会进粉和进蜜。这时候，蜜蜂王国之间为了争夺食物的战争就爆发了！”

一听到女王妈妈说“战争就爆发了”，我全身哆嗦了一下。我很自责，都这么大了，胆子还这么小，每当听到残酷的事情，我就特别害怕。

我们都默默地注视着女王妈妈，不敢追问。

“在争夺食物的战争发生前，强盛的王国会提前派出侦察队伍到附近去侦察，如果发现有比较弱的王国，就会将其锁定为侵略的目标。当一切准备就绪后，侵略战争就爆发了。强国的队伍会有计划、有预谋地侵入弱国，消灭对方的有生力量，抢夺弱国的存蜜。最可怕的是，弱国还会面临女王被刺杀，成员在战斗中全部牺牲，贮蜜被盗尽，最终王国消亡的局面。”

“为什么要抢别人的东西呢？这是强盗行为！这是侵略行为！”我愤愤地说。

不仅我这样愤怒，其他的姐妹也同样义愤填膺。大家都认为同是蜜蜂王国，不能这样自相残杀。

女王妈妈看到我们都很激动，向我们摆摆手，示意我们平复一下心情，然后说：“大家都坐下，我理解你们的心情。但蜜蜂家族只有通过这种形式，才能实现食物资源的再分配，最终保留强者，淘汰弱者，这也是蜜蜂家族之间竞争的重要形式。”

听完女王妈妈的解释，我们一下子还是不能完全理解。我们都没有说话，心情依然沉重。

“女王妈妈，要是没有战争，那该多好呀！”一个姐姐的话打破了蜜宫的寂静。

“是的，王国之间无战争，那是最美好的期望，

但却很难实现。所以，为了让我们的王国永远强大，我们必须在有蜜源的时候多储蜜，发展壮大我们的王国。这样，我们的王国在战争中才能立于不败之地。”

“女王妈妈，我们王国现在这么强大，到了秋末的时候，会去侵略其他王国吗？”

女王妈妈没有正面回答我们的问题，只是拖长了声音说：“自然法则，自然规律！”

我们你看看我，我望望你，似懂非懂。

女王妈妈望望我们，说：“我的孩子们，今天的故事讲完了，时间不早了，我们早点休息吧！可爱的孩子们，晚安，做个好梦！”

一晚上，我都没有做好梦。我的脑海里，不断地闪现着战争的场景。

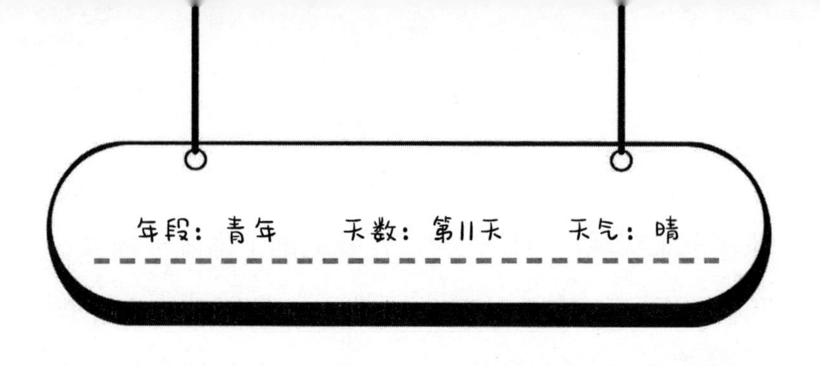

挤挤歌

又到了讲故事的时间。

我们围坐在女王妈妈的周围。此刻，女王妈妈被我们簇拥着，没有了平时的严厉与威严，一脸的慈祥，但依然雍容华贵。

女王妈妈环顾了一圈，望向我：“阿蜜，这几天你工作干得不错，今天我们要讲的是有关冬天的故事，你可以提一个我们王国有关冬天的问题。”

能得到女王妈妈的认可，并且授权让我提问题，我在心里好自豪。于是，我思索着，冬天是最寒冷的季节，那么，冬天是不是也是最清闲的季节？

于是，我问女王妈妈：“女王妈妈，冬天外面太冷，大家都不能出去采蜜，那大伙都做些什么呢？”

女王妈妈轻轻地扶了扶她的王冠，看了看我们，说：“阿蜜，在回答你这个问题之前，女王妈妈想考考你们。你们觉得，作为女王妈妈，我最重要的职责是什么？”

女王妈妈的话音刚落，我看到大家都在认真地思考着，我也绞尽脑汁，努力思索着女王妈妈提出问题的答案。

过了一会儿，女王妈妈问：“都思考好了吗？谁先说？”

我第一个举手。女王妈妈示意道：“阿蜜，你说。”

“我认为女王妈妈最重要的职责是管理好我们王国，让我们王国井然有序，更加强大。”

女王妈妈对我微笑，然后点点头。

紧接着，大家都说出自己思考的答案。

“女王妈妈最重要的职责是产卵宝宝。”

“女王妈妈最重要的职责是督促我们不要偷懒，努力工作。”

“女王妈妈最重要的职责是让我们多采蜜，多储存蜜。”

“女王妈妈最重要的职责是让我们更加团结，争取在战争中取得胜利。”

……

等大家都发完言，女王妈妈一脸的欣慰：“我的小可爱们，看来你们都经过了认真的思考。你们说的这些，的确都是女王妈妈的职责。我在你们说的基础上，总结一下我最重要的职责：一是产卵宝宝，壮大我们的王国；二是管理好我们王国，多储存蜜；三是带领大家安全过冬。当然，第二点和第三点是紧密联系的，如果没有充足的食物，我们的王国是过不了冬天的。”

我们都听得很认真，目不转睛地望着女王妈妈。

“我们蜜蜂王国的成员，都是变温的精灵，体温会随着周围环境的温度而改变。因此，冬天的严寒无时不刻不在威胁着我们的生存，稍有不慎，我们王国就会面临重大损失，甚至灭亡。”

我环顾了一圈，大家都屏住呼吸，认真地听着女王妈妈的讲解。

“好了，现在我们回到阿蜜提出的问题吧。冬天蜜蜂王国的成员都在做什么？这个问题问得好。”女王妈妈望向我，继续说道，“冬天的时候，当蜜宫内温度很低的时候，我们就采用‘抱团取暖’的办法来过冬。具体的做法是我在最中间，大家互相依靠着，围着我紧紧结成一个球形团，互相取暖。一般情况下，当蜂团外表温度低于球心时，外面的成员就向球心钻，而球心的成员则主动向外转移，如此不停地反复交换位置，饿了也不解散蜂团各自取食，而是由蜂团表面的成员取来存放在储蜜房中的蜜，用相互传递的办法解决温饱，最终安全越冬。”

听到这里，我心里顿时紧张起来，原来我还认为冬天是最安逸的季节，什么事也不用干，想怎么玩就怎么玩，没想到冬天每个成员必须努力团结在一起，才能安全过冬。

“冬天是最寒冷的季节，但在我们王国，只要有充足的食物，大家齐心协力，蜜宫内就是最幸福、最温暖的地方。”女王妈妈又扶了扶她的王冠，“我的小可爱们，你们知道吗？冬天里整个蜜蜂王国的成员紧紧依偎在一起的时候，我们都会唱一首歌，现在女王妈妈就教大家一起唱。”

“女王妈妈，是什么歌？”我问道。

“是《挤挤歌》。”说完，女王妈妈教我们唱起歌来。

冬天里

紧紧抱一起

挤呀挤

挤出暖暖的心

挤呀挤

挤出浓浓的情

年段：青年　　天数：第12天　　天气：小雨

冬天的暖阳

昨天女王妈妈教我们唱的《挤挤歌》，今天我们都会唱了。像昨天一样，我们围成一个圈，女王妈妈端坐在最中央，带领着我们一起唱《挤挤歌》。

唱完《挤挤歌》，有个妹妹对女王妈妈说："女王妈妈，再给我们讲讲冬天的故事吧。按照我们王国的规律，我们是活不到冬天的，我们都很想知道。"

听到这个妹妹的话，我的心底突然掠过一丝忧伤。这时，我又想起了女王妈妈的话，像我们出生在春天最繁忙季节的成员，劳动量大，一生的时间就40天左右，是没有办法领略四季的更替的。不过，女王妈妈很爱我们，为了弥补我们的缺憾，她把其他季节的故事一一讲给我们听，我们仿佛也经历了那个

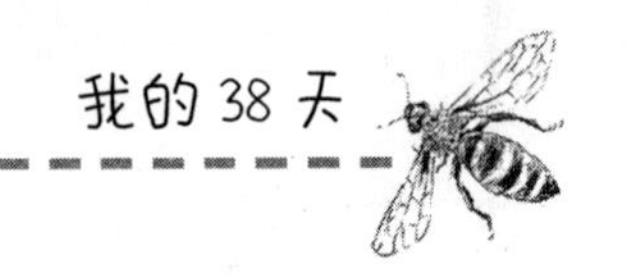

季节。

这样想的时候，我的心里又有了一丝欣慰。

“好吧，今天女王妈妈继续给你们讲冬天里的故事。”女王妈妈望着那位妹妹，又看看我们，“现在我又要问你们一个问题。如果你们就是冬天里蜜蜂王国的成员，那么你最希望发生的事情是什么？”

我们都争先恐后地回答。

“希望春天早点到来，百花盛开。”

“希望食物充足，吃也吃不完。”

“希望能早点出去采蜜。”

我也抢着回答：“冬天那么冷，我最希望的是冬天里有暖暖的阳光。”

……

听完大家的回答，女王妈妈说：“你们的回答都不错，冬天里，这些确实都是大家的美好愿望。但是，这些愿望有些对于我们来说有时可能会造成很大的伤害。比如阿蜜说的，希望冬天里有暖暖的阳光。”

我心头一惊，紧张地问女王妈妈：“女王妈妈，我说错什么了吗？”

女王妈妈看出了我的忐忑不安，安慰道：“阿蜜，别紧张，你没有说错什么，女王妈妈知道你的愿望是好的，但我给你们解释一下，你们就知道是怎么回事了。”

大家都聚精会神地认真听着女王妈妈的讲解，尤其是我，听得更认真了。

“女王妈妈知道，大家是担心如果冬天太冷了，我们王国的成员会不会被冻伤、冻死。其实，这是没有必要担心的。昨天我已经给你们讲过了，冬天的时候，我们会紧紧地抱成一团，就像穿着厚厚的衣服一样，阻隔着外面的寒冷。饿了，大家依靠在其他季节采集的蜜获得足够的能量。因此，只要食物充足，从来没有听说过哪个蜜蜂王国的成员会被冻伤、冻死的。”

女王妈妈停了停，脸色突然变得严肃起来，话锋一转：“但是，如果在冬天里的某一天，阳光明媚，温暖的阳光照进蜜宫，仿佛春天一般。你们认为，大家会怎么样？”

我们都静静地望着女王妈妈，不敢回答，害怕说错了话。

“别担心，怎么想的就怎么回答。”女王妈妈鼓励我们。

“大家应该在想，春天是不是来了。”有了女王妈妈的鼓励，我鼓足勇气回答。

“没错，阿蜜说得很对。记得有一年的冬天，我还是一位年轻的女王，没有经验。某一天，阳光灿烂，气温骤升，蜜宫里如春天一般温暖，因为太暖和了，大家都误认为春天到了，都迫不及待地飞出蜜宫，蜂团立即解散。当然，因为我没有经验，也没有加以阻止。不一会儿，一个大大的蜂团就散开了。可是，一两个小时后，气温骤降，又是狂风又是冷雨，好多外出的成员，还没有来得及飞回蜜宫，就被冻死在路上了。那一年，我们蜜宫损失了好多成员。”说到这里，我看到女王妈妈十分自责的样子，眼眶里有泪珠在打转。

我们望着女王妈妈，不知道该说什么好。

故事结束的时候，我在心里总结如下：冬天里的暖阳，也许是温暖的诱惑；冬天里的故事，有淡淡的忧伤。

第四篇　我的壮年

年　　段：壮年

工　　作：泌蜡造脾，清理蜂箱及巢门防卫

最好的朋友：小欢

难忘的事情：送别小欢

年段：壮年　　天数：第13天　　天气：小雨

拉　屎

今天，是我进入壮年的第一天。我的主要任务又发生了变化，由分泌蜂王浆，饲喂小幼虫和蜂王变为泌蜡造脾（分泌蜂蜡筑造巢脾的过程），清理蜂箱及巢门防卫。

“阿蜜姐姐，我憋不住了！”

正当我在清理巢房时，m–h–781不知什么时候来到我的跟前，急慌慌地对我说。m–h–781是一位小妹妹。

我瞅了她一眼，大声地说：“憋住！”

今天从早上一直到中午，蜜宫外都下着蒙蒙细雨，m–h–781想拉屎，但一直都出不去。

她乖乖地溜到一边去了。我则继续我的工作，逐

个清理着巢房。

女王妈妈经常对我们说，蜜宫是我们的家园，作为蜜蜂王国的一员，大家都有义务和责任维护蜜宫的干净和整洁。一只称职的蜜蜂，是决不能把屎拉在蜜宫里的。

过了一会儿，m-h-781又来到我跟前说："阿蜜姐姐，我实在是憋不住了！"

"女王妈妈说了，憋不住就不是一只称职的蜜蜂！"我很严肃地对她说。

"但我真的真的真的忍不住了！"m-h-781连续说了几个"真的"。

我也相信她说的是真的，但我是绝不允许她把屎拉在蜜宫里的。我抬头看看她，她一副难受和痛苦的样子。

"你为什么昨天不出去拉？"

"你忘了，昨天也是下了一天的雨，我以为雨会停，所以就一直忍着，但忍到现在，我快忍不住了。"m-h-781说起话来带着颤音。

看着她难受的样子，为了缓和她的情绪，我调整了自己的情绪，温言软语地安慰她："好妹妹，再忍忍，说不定一会儿外面雨就停了，到时候，你就可以到蜜宫外面痛痛快快地拉，想怎么拉就怎么拉。"

m-h-781没有回应我，她好像在用全部的力量强忍着。

"阿蜜，让m-h-781拉吧，再不拉出来，她会死的。"周围的姐妹纷纷劝说。

我望着蜜宫门口，清晰地听到小雨淅淅沥沥的声音，显然雨还没有停，也不知道什么时候能停。这时，我耳边又回响起女王妈妈的话："一只称职的蜜蜂，是决不能把屎拉在蜜宫里的。"

"阿蜜，让m-h-781拉吧，我们一起帮她清理干净！"周围的姐妹们又纷纷劝说。

"女王妈妈的话，难道你们都忘了吗？"我训斥道。

女王妈妈的话，大家都没有忘。姐妹们都知道我说的有理，纷纷低下头去。

大家都沉默了好一阵。

最终，还是m–h–781的哀求声打破了沉默。

“阿蜜姐姐，女王妈妈的话，我没有忘记，我也不怕死。只是，我现在还不想死，我的梦想还没有实现，我还没有采过蜜，还没有见识过外面的世界，还有好多好多的事情我都没有做过。求求你让我拉吧！”

一边是女王妈妈的要求，一边是m–h–781的哀求。我心里好难受。

过了好一会儿，m–h–781慢吞吞地来到我面前。我瞟了她一眼，她没有了之前难受的样子，而是一脸的惭愧和自责。

“阿蜜姐姐，对不起，我不是一只称职的蜜蜂。”说这话时，m–h–781的头低得很低，不敢抬头看我。

我的心情也平和了一些：“你拉都拉了，说这些还有什么用？说吧，拉在什么地方了？”

“蜜宫最左边的角落里！”m–h–781小声地说。

虽然m–h–781声音很小，但其他同伴都听到了，她们忙不迭地赶往蜜宫最左边的角落里。我知道，她们是第一时间去打扫了。

“阿蜜姐姐，我真的不想死，我还要去采蜜！”m–h–781继续解释。

看着眼前的m–h–781，我想，如果换成是我，我也不知道自己是否能忍住。不过，有一点是可以肯定的，我也很想去采蜜，也很想去看看外面的世界。

按照时间算来，再过五天，我就可以出去采蜜了，我的心情一下子兴奋起来。

年段：壮年　　天数：第14天　　天气：晴

小　欢

傍晚的时候，蜜宫里仍然是一片忙碌的景象。

阿花姐姐突然在我耳边小声地问："阿蜜，你感觉到什么异常了吗？"

顺便告诉大家，阿花姐姐比我大六天，她已经开始采蜜了。

我一脸茫然，摇摇头："没感觉到什么。"

"你再好好感受一下！"

"真的没什么呀！"

"用触角，好好嗅一嗅。"阿花姐姐提示说。

我使劲地嗅了嗅，确实感觉到有一种奇怪的味道："阿花姐姐，我们蜜宫里好像有不速之客！"

"对！我们赶紧去告诉女王妈妈。"

我和阿花姐姐找到女王妈妈，阿花姐姐急忙禀报："女王妈妈，我们的蜜宫有陌生成员闯进来了！"

"你们做得很好，我已经知道了！"女王妈妈提高声音说，"大家听令，找到这个家伙，将她驱逐出蜜宫！"

女王妈妈下达指令时，非常坚决。

"知道了，女王妈妈！"大家齐声回答。

然后，大家迅速分头去找。

不一会儿，这个陌生的家伙就被找到了，因为她的身上，有和我们不一样的味道，闻一闻就知道了。

她被大家包围着。

我看见她一脸的恐惧，整个身体不停地颤抖。

"你是哪个王国的，为什么闯入我们蜜宫？"有伙伴问。

她一言不发，身上颤抖得更厉害了。

我知道她很害怕。闯入一个陌生的王国，被这么多蜜蜂围着，我想换成是我，也会害怕，也会颤

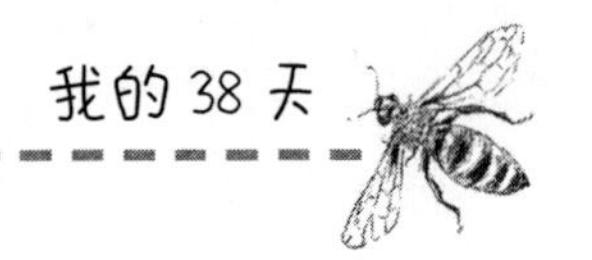

抖的。

阿花姐姐走到她的身旁，温和地说："别怕，我们不会伤害你的。告诉我，你叫什么名字？"

"我叫小欢。"

小欢！她居然有名字，她的女王妈妈一定也很喜欢她，我想。

"为什么要闯入我们的蜜宫？"阿花姐姐继续问。

"昨天我采蜜回去的时候，发现我们的蜜宫已经被捣毁了，女王妈妈不见了，只残留着惨不忍睹的巢房。我在周围找呀找，寻呀寻，还是没有找到女王妈妈，我的同伴们也不见了。"说到这里时，我发现小欢的眼里有泪水在打转。

"昨天晚上，我在原来蜜宫的附近待了一宿，又饿又怕，风又大，我差点从花枝上摔下来。今天天一亮，我又继续寻找我的王国，找我的女王妈妈和同伴，但一直没找到。然后，我就找到了这里，再然后，我就进来了……"

听着小欢的遭遇，我顿时难过起来，失去王国的她，真的好可怜。

此刻，小欢没有了先前的害怕和颤抖，更多的是一脸的无奈和无助。

“小欢，我十分同情你。”阿花姐姐哽咽地说，“但是，按照我们王国的规定，你不能和我们待在一起，你必须马上离开！”

“姐姐，让我留下来吧，我会好好工作的。我什么都会，我会采蜜，我会酿蜜，我会筑巢。我不怕苦，也不怕累，求求你让我留下来吧。如果我离开了，会死的！”小欢苦苦地哀求道。

“阿花姐姐，让小欢留下来吧！”我的眼泪也差点流了出来。

“放肆！女王妈妈的指令，难道你也敢违抗？王国的规矩，难道你忘记了？”

阿花姐姐严厉地批评我，我顿时好害怕，慢慢地低下了头。

“离开！离开！离开……”大伙齐声喊道，声音

震耳欲聋。

情况一下子变得糟糕起来。小欢看事情已经不可扭转，再不走，情况可能会更糟。她一脸的无助，准备离开。

经过我身旁时，她扭过头问我："你叫什么名字？"

"我叫阿蜜！"

"阿蜜，你是我的朋友，谢谢你的关心。我会记住你的，我走了！"

小欢依依不舍地离开了蜜宫。我在蜜宫里独自惆怅。

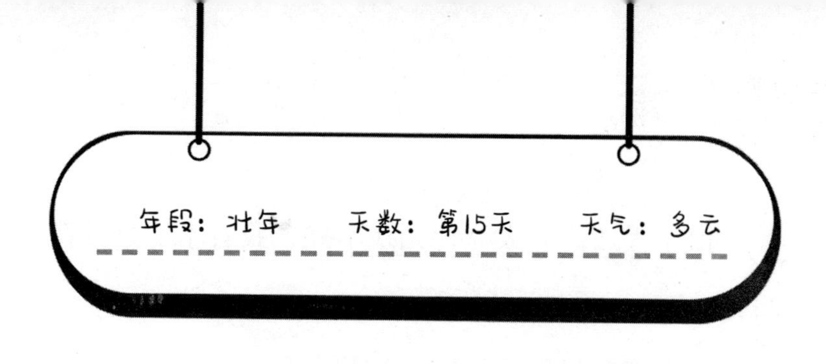

陪伴

昨天晚上，我一夜没睡好。我的脑海里总是出现小欢离开时的神情，无助，无奈，不舍，恐惧……

我一直在想，小欢离开后，会怎么样呢？如果找不到以前的王国，她就只能到处流浪，到处逃命，随时会有危险，真是太惨、太可怜了。

今天，我起得非常早。不知怎么地，我有一种强烈的冲动，好想去找小欢。虽然我不能做什么，但只要能和她多待一会儿，我的心里就会好受一些。

于是，我飞出蜜宫，在蜜宫附近逗留。天刚蒙蒙亮，除了鸟儿们的鸣叫，四周还是静悄悄的。

突然，我听到一个细小、微弱的声音："阿蜜，阿蜜……"

由于天还没有大亮，光线不好，我看不清是谁在叫我。

“是谁在叫我？”我小声地问。

“是我，我是小欢，我是小欢！”

小欢！我心里一阵惊喜。

“小欢，你在哪里？”我小声急切地问。

“我在这里，草丛里，草丛里！”

循着声音发出的方向，在蜜宫门口旁边的草丛里，我果然看到了小欢。她一脸的喜悦和激动。

我飞上前去，和小欢紧紧地拥抱在一起。

“小欢，你怎么在这里？”我问道。

“昨天我被请出你们蜜宫的时候，天已经快黑了，我找不到去处，心里特别害怕，我想到你是我的好朋友，你在蜜宫里，离你近一点，我心里就不那么害怕了。所以，我就在你们蜜宫外的草丛里过夜。”

小欢用的是“请”，其实，我很清楚地知道，她是被活生生“赶”出来的。

“你走后，我也十分想念你，也是一夜没

睡好。”

“我知道，你已经把我当成好朋友了。”小欢深情地望着我。

本来，我想问小欢，接下来她会怎么办。其实，在小欢的心里，她也知道，只能是到处流浪。一想到这是一个很严肃、很残酷的现实，我就不想说出来让大家都伤心了。

于是我把话题一转，对小欢说：“你说你会采蜜，等天亮后，你可以带我一起去采蜜吗？”

“可以啊！”小欢露出灿烂的笑容。

我感觉小欢此刻很快活。

天大亮后，小欢带着我，飞向她平时最喜欢去的万花谷。

一到万花谷，阵阵蜜香向我们袭来，到处是鸟儿们悦耳的叫声，天边升起了红红的太阳，朵朵白云在天空自由地飘荡。

由于昨天晚上温度适宜，这些花朵早就储存好了花粉和花蜜等着我们。

花粉和花蜜，是小欢的最爱。小欢欢快地飞向花朵，兴奋地采集花粉和花蜜。

我还不会采蜜，只是看着小欢采。此刻，能和她在一起，我感觉很幸福，我相信她也很幸福。

小欢就在我旁边的花枝上，我看到她采起蜜来非常娴熟，不一会儿的工夫，她就说："阿蜜，我采好了。在我们王国，我可得过采蜜标兵的奖励和表彰呢。"

我一看，她的后足上确实挂了两坨花粉，估计肚子里也装满了花蜜。

看来，小欢的采蜜本领确实不赖。

我对小欢说："那我们赶紧回去卸蜜吧！"

小欢迟疑了一下，没回答我。

我心里一惊，才记起小欢不是我们王国的成员。

小欢看出了我的难堪，说："阿蜜，这样吧，我唱支歌给你听。"

我知道她是在转移话题，就顺势说道："好啊，好啊。"

于是，小欢唱起歌来。

花丛里，

有花蜜。

你采蜜，

我采蜜。

带回家，

酿成蜜，

妈妈夸我们是好闺女。

小欢唱的歌很好听。

我问她：“你唱的这首歌真好听，是谁教你的？”

“一个好姐姐教的。”

我没再追问小欢，怕引起她的伤心事，我说：“再给我唱一遍好吗？”

小欢点点头，又高兴地唱起来。

下午，小欢让我在原地等她，她要去山那边办点事情。可是我左等右等，也不见她回来。我非常着急，四处寻找。终于，在她待过的花瓣上，我发现她留下的一段文字：

亲爱的阿蜜，感谢你陪伴我度过了快乐的一天，我很开心，也很满足。但经过思考后，我觉得我不能影响你的正常生活，如果你的女王妈妈知道我们待在一起，对你不好。我走了，不管明天会怎样，有你这样一位朋友，我已经很知足了。阿蜜，你要开心哦！

爱你的小欢

我抬起头望望山的那一边，眼泪瞬间滴落在花瓣上……

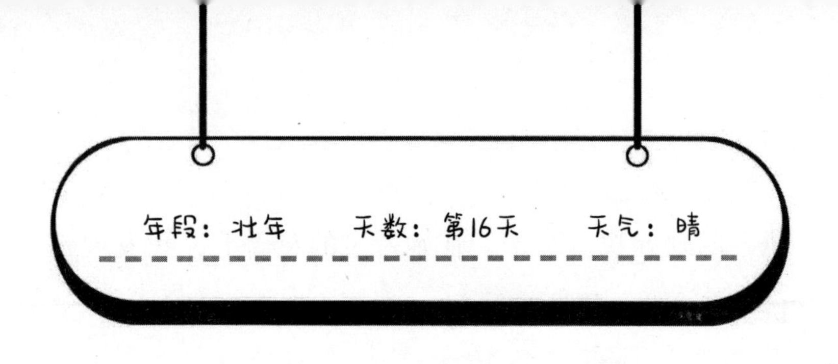

最后的卸蜜

昨晚，我一夜没睡好。在梦里，一会儿闪现的是小欢带着我采蜜的情景，一会儿闪现的是小欢离开的情景。

早上，接到女王妈妈的指令，我今天的工作任务是防卫。

在我们王国，每个工蜂成员，一生中必须承担一段时间的防卫任务。

一想到自己能当防卫兵，我就心潮澎湃，激动不已。以前看到承担防卫任务的姐姐们，一个个非常神气，我心里特别羡慕。今天，我终于也可以做防卫兵了。

在正式上岗前，女王妈妈亲自给我们进行防卫常识的培训。我们排成一圈，认真地聆听。

女王妈妈说："大家都听好了，我们的防卫任务分为三种不同的行为，具体就是守卫、追赶及蜇刺。守卫蜂要在蜜宫门口搜寻靠近我们蜜宫的任何物体，要求行动要敏捷，能快速接近并检查降落到蜜宫门口的物体，用触角识别是否为我们王国的同伴。守卫蜂不活动时，要采取前足离地、触角朝前的姿势，翅膀通常不能贴在身体上，要随时做好起飞的准备。守卫蜂的响应蜂，即蜇刺蜂，平时待在蜜宫内部，当我们的王国受到大的干扰时，你们要义无反顾地飞出蜜宫进行蜇刺，视情况还要追赶入侵者。"

我们都全神贯注地听着，我感觉此时自己就是一名勇敢的武士，随时做好了与敌人殊死搏斗的准备。

女王妈妈提高了声音问："大家能做到吗？"

"能！"我们齐声回答。

"不怕牺牲吗？"

"不怕！"

"好，分头行动吧！"

女王妈妈训完话后，我们立刻进入防卫岗位。

如女王妈妈说的那样，我紧紧地守在蜜宫门口，用触角随时识别着外来的物体。同时，采用前足离地、触角朝前的姿势，保持翅膀不贴在身体上，随时做好起飞的准备。

防卫了一个上午，蜜宫门口一切正常，进进出出的都是我们王国的成员，没有发现什么异常。我心里有点失望，不过转念一想，没有异常才是我们王国最大的幸运。

中午的时候，一个采蜜姐姐慌慌张张、跌跌撞撞地闯进蜜宫，我认识她，她是m–h–4523。我立刻警觉起来，上前问道："m–h–4523姐姐，你怎么这么慌张？是不是后面有敌人？"

"快，快，别挡着我！"

m–h–4523姐姐这么一说，更加引起了我的疑心。我拦住她，说："姐姐，请说清楚了再走！"

"阿蜜，我都说了，别挡着我，我时间不多了！"m–h–4523姐姐带着哭腔说，她的身体摇摇晃晃的，眼泪在眼眶里打转。

虽然我不知道m–h–4523姐姐究竟发生了什么不幸的事情，但我还是坚持原则地说："请说清楚了再走！"

"我的蜇针已经用了，我要马上卸蜜！"

我一听，大吃一惊，连忙给m–h–4523姐姐让路。

m–h–4523姐姐匆匆忙忙地赶往酿蜜房。望着她的背影，我的眼泪一下子涌出来，因为我知道，作为一只蜜蜂，我们的蜇针，不到万不得已的时候，是不会随便使用的，一旦使用，离死去的时间就不多了。

女王妈妈曾经告诉过我，我们的蜇针和内脏连在一起，如果蜇到那种身上覆盖着硬质表皮的生物时，可以从破口中拔回蜇针，从而使自己免于死亡；但是如果蜇到的生物具有收缩性，蜇针就拔不出来了，因为蜇针后面连接着内脏器官，蜇针尖端有几个呈倒齿状的小倒钩，内脏也会被拉出来，所以蜇针没了，我们很快就会死去。

想到这里，我一下子瘫坐在地上，没有保持之前

翅不贴身、随时准备起飞的姿势，眼泪溢满眼眶。

不一会儿，m–h–4523姐姐从酿蜜房走了出来："阿蜜，我已经卸完最后一次蜜了，我的时间不多了，我走了，再见，你保重！"

我知道，这一走，就是永别。

我目送m–h–4523姐姐离去，并在后面大声地喊："姐姐，姐姐，你别走……"

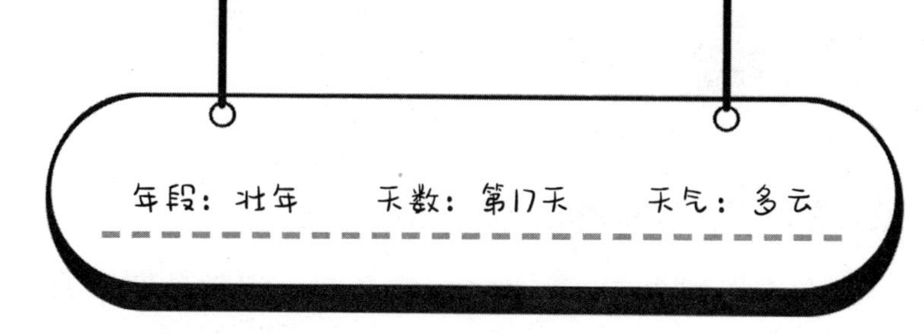

送 别

m-w-5678死了，死在了蜜宫里面。这对于我们王国来说，是件非常不正常、不光彩的事情。

因为，从我们出生那天起，女王妈妈就告诉过我们，我们蜜蜂王国是最讲卫生的家族，任何一个成员，都要把爱护王国的卫生作为自己的神圣使命。比如，为了不给蜜宫里带来卫生问题，我们是不能在蜜宫内便溺的，即使是在严寒的冬季，我们也会选择在相对暖和的时候，出去便溺。再比如，为了维护蜜宫的环境卫生，每个成员临死前，都会自觉地飞离蜜宫，悄悄地死在野外。

我在心里想，m-w-5678是怎么回事，前几天还被评为采蜜标兵，怎么一下子就死在蜜宫里了，这也太

没有尊严了，这和她的荣誉太不匹配了。

女王妈妈来到m–w–5678的身旁，缓缓地蹲下身子，凝视着m–w–5678，然后用手轻轻地抚摸着她。许久，女王妈妈才站起身来。她环顾了一下我们，说道："m–w–5678是因为太勤劳、太劳累了，你们看，她的花粉都还没有卸完就……她是有尊严的，是可敬的！"

听完女王妈妈的话，我心里好自责，我知道自己错怪m–w–5678了。

一个信息兵说道："报告女王妈妈，据我们的数据统计，近五天来，m–w–5678是出勤最早、收班最晚的蜜蜂，平均每天比其他采蜜成员要多卸1.5次蜜！"

"知道了，m–w–5678死得其所，她不愧是采蜜标兵。"女王妈妈的话中既有惋惜，又有称赞。

我们大家都肃立着，默默地望着m–w–5678，心中肃然起敬。我发现，好多姐妹眼里都饱含着泪水。

女王妈妈又深情地望了m–w–5678一眼，然后侧过头对我们说："好生处理她。"

我们懂女王妈妈的意思。

对于死在蜜宫中的成员，我们这些负责清理卫生的壮年蜂，会把她的尸体移到蜜宫的出口处，之后由一只身强力壮的成员衔起尸体，飞离蜜宫一段距离后，选一个鲜花盛开、风景宜人的地方轻轻地放下。

接到女王妈妈的指令，我擦干眼泪，和其他同伴一起，轻轻地抬起m-w-5678，缓缓地来到蜜宫门口。

出了蜜宫门口，我们又缓缓地将m-w-5678放下。

我自告奋勇地说："我送m-w-5678姐姐吧。"

大家知道我身体强壮，所以，都一致同意了。

m-w-5678姐姐好安详，她躺在蜜宫外的草丛上，一动不动，仿佛睡着了一样。我轻轻地衔起她，缓缓地飞离蜜宫。我在心里想，我一定要将m-w-5678姐姐送到一个非常非常美丽的地方，那里有花，有草，有树，有微风……

在空中，我不断地俯视着地面，也许现在是春天的缘故吧，我发现哪儿都很美。最终，我在万花谷选了一个地方，把m-w-5678姐姐轻轻地放在柔柔的草

地上。

我环顾四周，这里在一个半山腰上，满坡长满了绿绿的青草，草丛中野花星星点点地开着。山坡下，是一片金黄的油菜地，田野的中间，有一条蜿蜒的小河缓缓地流过……

我心里很是欣慰，这正是我想选的地方。

我的使命已经完成，虽然我想再陪陪m-w-5678姐姐，但我不能浪费时间，蜜宫里面的事情很多，我还得回去继续做事。

我最后深深地望了m-w-5678姐姐一眼，依依不舍地往回赶。

年段：壮年　　天数：第18天　　天气：晴

期待

明天，我就是老年蜂了。成了老年蜂，我就可以去采蜜了。我想该是我大展身手的时候了。

晚上，我找到阿花姐姐。现在，她已经是一只熟练的采集蜂了。

“阿花姐姐，明天我就是老年蜂了，请你带我去采蜜，好吗？”

“刚才，播报兵已经播报明天采集蜂的名单了，有你的名字，到时我们一起出发，我教你。”阿花姐姐也很高兴。

“好啊好啊！”我十分激动。

随即，我恳求道：“阿花姐姐，你能先给我讲讲采蜜的方法吗？”

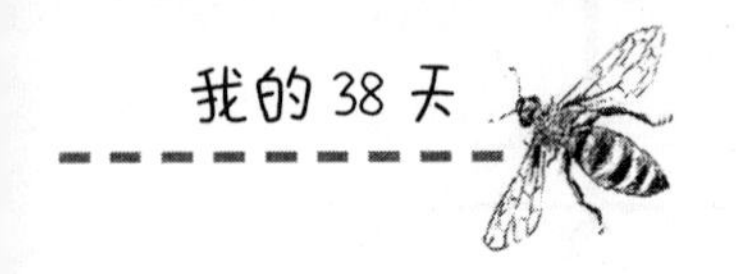

“也行，先让你心里有个底。”

我端坐着，目不转睛地盯着阿花姐姐，心里满是期待。

“我们的采集工具就是我们的口器。你看，我们的口器属于咀嚼式口器，有一对左右对称刀斧状的上颚，能咀嚼固体花粉和建筑蜂巢，而下唇延长并和下颚、舌组成细长的小管，把这条小管伸入花朵中就可以吸取花蜜了。”阿花姐姐边给我讲解，边张开嘴巴示范给我看。

我专心致志地听着，目不转睛地看着，生怕错过某个细节。

“我们采蜜的时候，有一套非常规范的流程。首先将小管沿雄蕊底部插入，轻轻地、缓缓地将蜜汁吸入我们体内的蜜囊中，采完一朵花后再飞到另外一朵花上面继续采。记住，整个采蜜过程动作要轻盈、持续。”

我很兴奋，不自觉地动了动我的小管子。

“在采蜜的时候，可不要忘了采花粉，因为花朵既有花蜜又有花粉。我们的后足胫节外侧端部有一处凹槽，周围长着又细又密的绒毛，组成一个‘花粉筐’。当我们在花丛中穿梭往来时，身体上就沾满了花粉，前足的花粉刺不断地刷花粉，同时加上分泌物唾液和花蜜在其中，形成花粉团后，由中足移到后足的花粉筐中。”阿花姐姐讲起来既流利又轻松，还一边给我做示范。

“再然后呢？”我问道。

阿花姐姐笑笑，说：“你真是爱提问！等花蜜和花粉都采集好后，就返回我们的蜜宫，后面要做的事你在酿蜜房时都见过。

我点点头。这时，正好播报兵又在播报了：“最新消息，明天天气晴朗，适合采蜜。特此通报。”

播报兵刚播报完，我又缠着阿花姐姐问道：“阿花姐姐，那我们明天去什么地方采蜜呢？”

“哪儿有花香，哪儿的花开得最艳，哪儿的花蜜最甜，哪儿就是我们要去的地方。”

我一听，感觉阿花姐姐的这句话像女王妈妈说的

一样，又深奥，又含蓄，又富有哲理。

我挠挠后脑勺，没有完全明白这句话的意思，接着追问："你说的到底是什么地方？"

阿花姐姐笑道："明天你就知道了。阿蜜，早点休息吧，明天我们还要去采蜜呢。"

"好的。"我答道。

好期待明天快点到来。

第五篇　　我的老年

年　　　段：老年

工　　　作：采集花蜜、水分、花粉、蜂胶

最好的朋友：小花妹妹

难忘的事情：我就在阿花姐姐面前，她居然不认得我

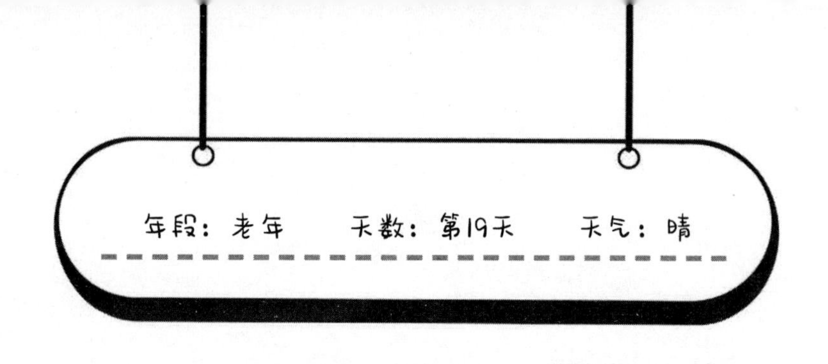

辛劳的一天

阳光明媚，暖风习习，花儿流蜜，空气飘香。我和阿花姐姐结伴同行，兴奋、快乐地飞向花海。我们轻轻地停落在花朵上，开始忙碌地采集花粉和花蜜……

我睁开眼睛，发现自己不是在花朵上，而是躺在床上。我恍然大悟，哦，原来是在做梦呀！

我爬起身，轻轻地来到阿花姐姐的身旁，她面带微笑，睡得正香，睡得正沉。我不想打扰她，又回到自己的睡处。我太想去采蜜了，一点睡意都没有，所以又起身，准备到蜜宫门口看一下天亮了没有。

经过酿蜜房时，里面还是一片忙碌的场景。我知道，这些小妹妹们又是一夜没合眼。

快到蜜宫门口时，一个低沉的声音问："谁？干什么的？”

“我是阿蜜！”我赶紧小声地回答。

守卫走过来，看清楚是我，语气也变得温柔起来：“阿蜜，天都还没亮，你到蜜宫门口来干什么？”

“今天是我开始采蜜的日子，我有点兴奋，睡不着，来看看天亮没有。”说完，我伸长脖子，朝蜜宫门外望去，发现外面还是漆黑一片，显然天还没有亮。

“阿蜜，你也太性急了吧？现在才半夜，快回去睡觉吧，睡好觉，养足精神，白天才能更好地采蜜。采蜜的日子长着呢，你别把身子搞坏了。快，快回去！”

守卫说的有道理，采蜜的日子还长着呢，我太性急了。于是我返回自己的睡处，继续睡觉，可还是睡不着，脑海里总是想着采蜜的事情。

慢慢地，天亮了，终于可以出去采蜜了！

果真，和梦里一样，阳光明媚，暖风习习，花儿流蜜，空气飘香。我和阿花姐姐结伴同行，兴奋、快乐地飞向花海。

我还在脑海中想着阿花姐姐说的那句话：哪儿有花香，哪儿的花开得最艳，哪儿的花蜜最甜，哪儿就是我们要去的地方。

不错，阿花姐姐带我来的地方，确实花开得好艳，花蜜好甜。

我们轻盈地停落在花朵上，开始忙碌地采集花粉和花蜜……

阿花姐姐一边教我，我一边学，没想到，立刻就学会了。

我对阿花姐姐说："采蜜也不难嘛！"

"是的，因为采蜜就是我们的本能。"阿花姐姐欣慰地说。

中午的时候，阿花姐姐卸了四次蜜，我卸了两次蜜。这时，我瞌睡得厉害，精神欠佳。我知道，这是昨天晚上没有休息好的原因。我真想休息一会儿再采蜜，可是，按照我们王国的规定，采集蜂白天是不能休息的，因为时间宝贵，必须抓紧生产。于是，我提振精神，继续投入采蜜中。

天黑的时候，我一共卸了六次蜜。阿花姐姐卸了八次蜜。还不错，我只比她差了两次。

晚上，躺在床上，我全身酸软，精疲力尽，一动也不想动。

阿花姐姐看到我的样子，笑着说：“阿蜜，以前我告诉过你，采蜜是很辛苦的事情，现在体会到了吧？”

我一边捶背，一边说：“确实很辛苦！”

“你是第一天干，以后慢慢就适应了。”

我侧过脸望了望阿花姐姐，她确实比我好多了，看不出有倦意。

我不想交流了，便对阿花姐姐说：“我困了，我想睡了，晚安！”

“晚安，阿蜜。”阿花姐姐轻轻地说。

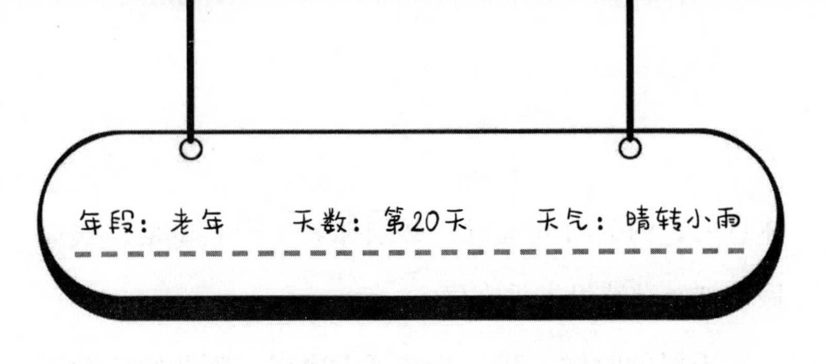

美好的一天

今天，是我正式采蜜的第二天。

我想自己已经会采蜜了，就不和阿花姐姐结伴同行了。于是，我早早地飞出了蜜宫。

信息兵在我的身后提醒道："阿蜜，今天天气异常，注意安全！"

"知道了！"我边答应边往外飞。

和昨天比起来，我今天采起蜜来麻利多了，才几个小时，我已经卸完第二次蜜又返回万花谷了。

正当我专心致志地采着花粉和花蜜时，天色突然暗了下来。我抬头一望，太阳已经被乌云完全遮住了。不远处，一团团乌云正向我这边袭来。

"不好！"我心里一惊。早上出门的时候，信息兵就提醒过，今天天气会有异常，让我们随时注意安全。同时，我记起了阿花姐姐给我讲过的，遇到危险的时候，首先是保护自己，生命才是最重要的，其他的都是次要的。

我马上停止了采蜜，以最快的速度往蜜宫的方向飞。

我刚从花朵上起飞不久，淅淅沥沥的小雨就从天空落了下来。我的翅膀上沾了雨水，感觉越飞越困难。突然，一大滴雨滴重重地砸在我的背上。

当我苏醒的时候，我挣扎着睁开眼睛，发现自己躺在一处草丛里。我动了动头，感觉又痛又晕。我努力地抬起头，环顾了一下四周，发现周围鲜花盛开，天已经放晴，阳光照在身上，感觉好温暖。

我动了动身子，感觉自己没事。我扇动翅膀，努力想飞起来，但翅膀有点潮湿，我没有飞起来。我在心里庆幸自己还活着。

“你好，小蜜蜂，你醒啦？”

我的耳边传来一个声音。我向四周看了看，发现

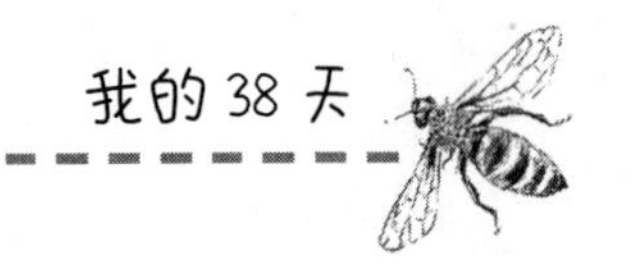

是一只花蝴蝶在叫我。

花蝴蝶轻盈地停在我的面前，说："小蜜蜂，好险啊，下雨的时候，我在石崖下面避雨，发现你被一滴雨滴砸晕了，就一直守着你，我相信你一定会醒的。"

我发现自己大难不死，花蝴蝶比我还高兴。

"小蜜蜂，我跳支舞给你看吧。"花蝴蝶对我说。

"蝴蝶姐姐，下次吧，我马上要去采蜜。"

"你呀，身体这么虚弱，还要去采蜜。你们这些小蜜蜂呀，真是勤劳。"花蝴蝶的语气里，既有赞赏，又有不解。

"蝴蝶姐姐说得没错，你还是先休息一下吧。"旁边的花儿们也说话了。

看着花蝴蝶和花儿们，我顿时感觉好幸福。他们都这么关心我，我也不再纠结采蜜的事情。

花蝴蝶缓缓地扇动翅膀飞到空中，她的翅膀像两片彩色的花瓣飘在空中。过了一会儿，花蝴蝶又悠悠地落在花丛上，像是花朵长出了翅膀飞舞在空中。

花蝴蝶精彩的表演，轻盈的舞姿，让我赞叹不已。不过，我又记起了自己的使命。

我对花蝴蝶说："蝴蝶姐姐，谢谢你的陪伴，谢谢你的表演，下次见面的时候，我唱歌给你听好吗？现在，我得回家了。回去晚了，我的女王妈妈、阿花姐姐会担心的。"

"好的，你要注意安全。"花蝴蝶扇动翅膀和我道别。

"小蜜蜂，我们的蜜和粉为你留着，你要记得来采。"花儿们也挥手和我道别。

"谢谢你们，我的名字叫阿蜜，你们要记得我哦！"我向他们挥挥手，带着不舍飞向蜜宫。

"我们记住了，阿蜜，你也要记得我们！"

今天，是非常危险的一天，但又是非常美好的一天。

年段：老年　　天数：第21天　　天气：晴

伤心的事

想着我们带回的花粉和花蜜，将会喂养出更多的弟弟和妹妹，我们的王国将会更加壮大，我心里非常自豪。

我对旁边的阿花姐姐说："阿花姐姐，我们王国现在好强大呀，有这么多兄弟姐妹，女王妈妈真厉害！"

阿花姐姐侧过脸看了我一眼，迟疑了一下，没有说话。我感觉她好像有什么话要说却又说不出来。她以前可不是这个样子的。

"阿花姐姐，你是不是有什么话要说？"

阿花姐姐没有回答我。

我急了："阿花姐姐，你倒是说话呀！"

阿花姐姐神色凝重地说："阿蜜，我们王国，最近将会发生一件大事！"

"什么大事？"我急切地问。

阿花姐姐一副很谨慎、很严肃的样子，她望了望我，压低声音说："据我所知，当一个王国发展壮大到一定规模的时候，就是这个王国即将分蜂的时候。届时，一个王国就会分裂成两个王国。"

"什么叫分蜂？"我不懂，追着阿花姐姐问个究竟。

"嘘！小点声，别让女王妈妈听到！"

我估计，这个"分蜂"是很严重的事情，或者说，是很重大的事情。于是，我也压低了声音问道："阿花姐姐，你能详细给我讲讲吗？"

阿花姐姐环顾四周后，向我更靠近了一点，说道："在王国分蜂之前，会孕育几个预备女王，在这些预备女王即将诞生的前几天，老女王会选择一个天气晴朗的日子，带着一部分成员离开蜜宫，去寻找新的蜜宫，建造新的蜜蜂王国。老女王会把存储的花粉和蜂蜜留给即将诞生的新女王。”

听着阿花姐姐的讲述，我十分惊讶，不知道王国为什么要分蜂。

于是，我又问：“阿花姐姐，为什么王国要分蜂呢？难道就不能不分吗？”

“傻阿蜜，不分是不可能的，这是我们蜜蜂王国的法则，分蜂是我们蜜蜂家族繁衍的方式。只有不断地分蜂，我们蜜蜂家族才能不断地扩大。再说了，如果不分蜂，我们的蜜宫也住不下这么多兄弟姐妹呀！”

阿花姐姐这么一说，我突然想起来了。确实，在我很小的时候，感觉我们的蜜宫很大很宽敞，但现在，蜜宫里非常拥挤，如果真的这样发展下去，就要住不下了。

阿花姐姐已经说得非常清楚了，看来，分蜂是必须的了。

突然，我想到一件害怕的事情，急忙问道：“阿花姐姐，分蜂的时候，我们俩会在一起吗？你是我的

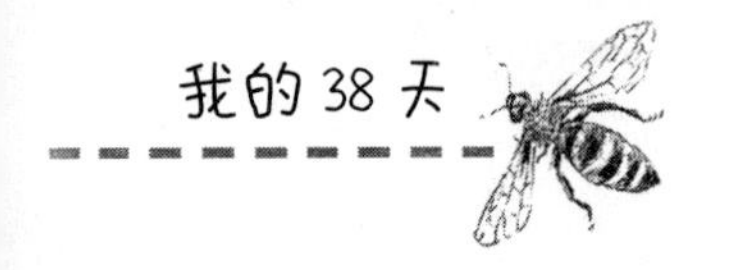

好姐姐，我不想和你分开。”

“阿蜜，我也不想和你分开，但我们都必须服从女王妈妈的统一安排和统一调度。但愿我们要留一起留，要走一起走。”阿花姐姐沉默了一会儿，神色严肃且凝重，“阿蜜，还有个事也必须告诉你，如果走的话，当我们飞出蜜宫的那一刻起，我们的所有记忆就会全部消失，全部清零……”

阿花姐姐没再继续说下去，我看到她伤心的样子，心里也很难过。

“啊？全部清零？阿花姐姐，这是什么意思？”我担心地问。

“就是以前的事情什么也记不得了。”

“所有的事情吗？高兴的，忧伤的，难忘的？”

“对，所有的。”阿花姐姐很确定。

我立刻意识到了事情的严重性，如果是这样，那以前我们美好的记忆，我和阿花姐姐的友谊，不就没有了吗？

想到这里，我更加伤心和难过，紧紧地拥抱阿花姐姐。我真的好希望我和阿花姐姐永远也不分离。

年段：老年　　天数：第22天　　天气：多云

女王妈妈变苗条了

又是新的一天，我和阿花姐姐又结伴来到万花谷采蜜。

刚到目的地，阿花姐姐便问我："阿蜜，我发现你今天有点不对劲，以前采蜜的时候，你都是有说有笑的，今天怎么一副愁眉苦脸的样子？"

我确实有心事，阿花姐姐真是火眼金睛，一下子就看出来了。

我望着阿花姐姐，不知道怎么说，我也不想说。

阿花姐姐看到我欲言又止的样子，问道："阿蜜，你有什么心事，能告诉姐姐吗？"

阿花姐姐是我的好姐姐，她都这么说了，我不能不告诉她。

我靠近阿花姐姐的耳旁，小声地说："我发现了一个秘密，你能帮我保守秘密吗？"

"什么秘密？搞得这么神秘，我们可是好姐妹。"

"你能为我保密吗？"我再次向阿花姐姐确认。

"能！你可是我的好妹妹。"阿花姐姐很肯定。

我把声音压得很低很低："今天早上我突然发现一个秘密，女王妈妈的腹部变小了，身材好苗条。"

我知道，在我们王国，是不能随意评论女王妈妈的，也不能随便对女王妈妈的指令产生怀疑和质疑。所以，我说话的时候，声音非常小，估计也只有阿花姐姐能听见。

"大事不好！"阿花姐姐一脸的惊讶。

"什么大事不好？"我急忙追问。

阿花姐姐的脸上顿时愁云密布："昨天我不是跟你说过吗，当一个蜜蜂王国发展到一定规模的时候，就一定会分蜂。如果女王妈妈不减肥，身体很重，想飞出蜜宫是有一定困难的。既然你已经发现女王妈妈的腹部变小了，说明女王妈妈已经有意在减食了，她要让自己瘦下来，减轻体重，便于飞翔，好带着一部分成员飞出去另安新家，建造新的王国。”

听阿花姐姐说完，又轮到我愁云密布了。我不是担心我们王国分蜂，因为阿花姐姐已经说得很清楚了，分蜂是蜜蜂王国的自然法则，是蜜蜂王国繁衍、扩大的方式，谁也阻止不了，包括女王妈妈。现在我担心的是，分蜂时我和阿花姐姐能不能在一起。但我不想和阿花姐姐讲，这是一个非常敏感和揪心的话题，我十分害怕。

因为分蜂的事情，搞得我一整天心情都不好。晚上，我早早就睡下了。

我刚睡下，阿花姐姐就匆忙地来到我的身旁，小声地告诉我：“阿蜜，大事不好，我到产卵房查看了一下，发现王台已经高高筑起，一共三个。封口处已经变黑，说明我们王国就快要分蜂了！”

我眼睛睁得大大的，望着阿花姐姐，现在我不想问什么，我心里只是莫名地恐慌。同时，我发现，以前阿花姐姐说起分蜂的事，都是很淡定的样子，这次，她竟也开始慌乱起来。

阿花姐姐一把紧紧地抱住我，说：“阿蜜，希望我们能永远在一起！”

我突然抽泣起来：“阿花姐姐，我要和你在一起，我要和你在一起！我害怕分别，害怕失去你。”

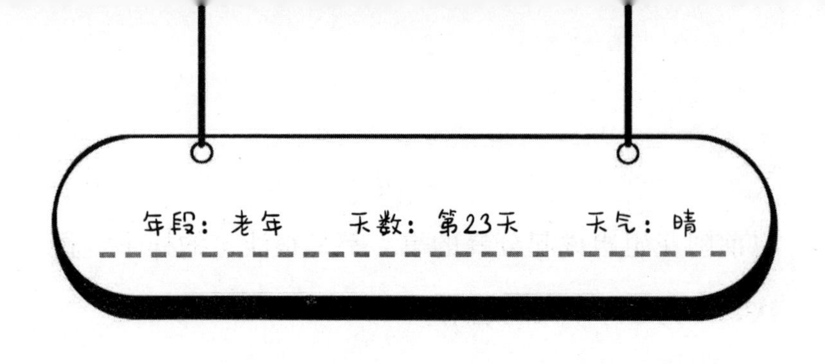

宣　布

果然，阿花姐姐说得没错，王国分蜂的事情已经不可避免了。

今天早上，我们王国的成员黑压压的一片，站在大殿里，女王妈妈在召集紧急会议。

我发现，女王妈妈比起昨天来，更瘦了。

女王妈妈走上大殿，精神抖擞，步履从容，她说：“我的女儿们，我的儿子们，为了我们蜜蜂家族的壮大和繁衍，当一个蜜蜂王国发展到一定规模的时候，就要分裂成两个王国。现在，我们的王国规模已经达到了分蜂的条件，明天，如果天气好，我们的分蜂就要如期进行。”

此刻，我并不惊讶，因为女王妈妈讲的内容，和阿花姐姐告诉我的是一样的。而且，这个问题已经在我的脑海中环绕几天了，搞得我魂不守舍。

蜜宫里静悄悄的，所有的成员都屏住呼吸仔细聆听，因为，这确实是一件重大的事情。

“m–w–796，新王国的地址勘察得如何了？详细报告一下。”女王妈妈问。

m–w–796是侦察兵，勘察新址的任务由她带队负责。

“禀告女王妈妈，新王国的地址已经勘察好。第一个在万花谷，距离蜜宫1公里，是最近的一个；另一个在花云间，距离1.5公里；最后一个在花涧岩，距离2.5公里，是最远的一个。分蜂的时候，女王妈妈您先带领一部分成员在蜜宫外的一棵榆树上集结，我们再迅速对三个备选新址进行最后一次勘察，把最后勘察的情况向您禀告，最后由您决定新王国的地址。”

我在心里窃喜，m–w–796说的这三个地址，我都知道，我和阿花姐姐都去采过蜜。

女王妈妈点点头，表示很满意。

女王妈妈又问勤务兵："m-w-1103，对王国成员的清点情况如何了？详细报告一下。"

m-w-1103禀告道："禀告女王妈妈，清点任务已经完成，按照您的安排，我们已经把成员分成了两拨，一拨是留下的，一拨是离开的。这是名单，请您过目和审阅。"

女王妈妈接过m-w-1103呈上来的名单。我顿时好紧张，我不知道自己是留下还是离开，而且，我最关心的是，我和阿花姐姐能不能分在同一拨。

"都给我听好了，每一名成员，不管是留下还是离开，都必须服从王国的安排！"我以为女王妈妈会马上念名单，但她并没有念，"名单明天早上再念吧，不要因为离别影响今天的工作。"

我看着周围的伙伴，他们估计和我一样，也都在疑惑自己到底是留还是走，但大家都不敢问。

晚上，我悄悄来到蜜宫门口，天气特别好，有缕缕凉风吹来，天空中繁星闪烁，月色如水。仰望天空，我闭上眼睛，许了一个愿：我希望王国分蜂的时候，我和阿花姐姐能在一起。

虽然女王妈妈说了，今天不宣布名单，怕影响工作，但我发现，好多成员都没有把心思放在工作上，做起事情来懒懒散散的，不像以前那么努力和积极。蜜宫里，没有了往日的繁忙，大家都在静静地等待。

今天，我心里虽然也很纠结，但我还是卸了四次蜜。

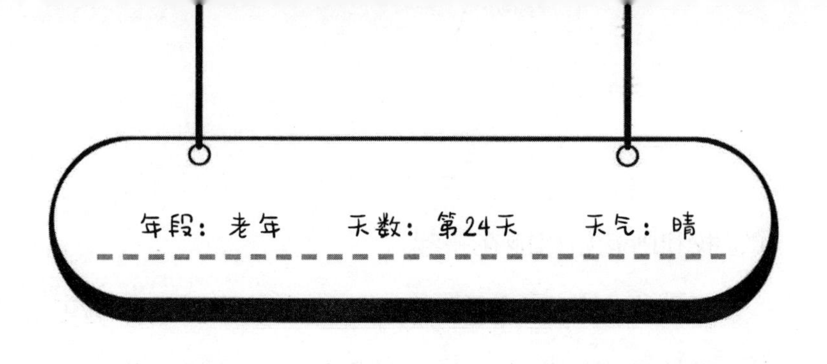

分 离

今天注定是我们终生难忘的一天。

一大清早，全体成员在蜜宫里紧急集合，气氛非常紧张。

大家簇拥着女王妈妈。我目不转睛地盯着女王妈妈，她比昨天更瘦了，她的脸上，兴奋中带着一丝焦虑和不安。

“都给我听好了，一切行动必须听从统一安排，如有违抗者，严惩不贷！”女王妈妈比平时更严厉。

紧接着，女王妈妈开始念留下和离开的成员名单，我顿时好紧张，但还是集中精力听着我和阿花姐姐的名字。

女王妈妈的声音洪亮、威严，当女王妈妈念到一半时，结果是：我留下，阿花姐姐离开。

当她全部念完后，蜜宫里哭声一片。

阿花姐姐紧紧地抱住我，我哭，她也哭，大家都舍不得分离。

“都给我安静下来，服从命令，是我们蜜蜂的天职！”女王妈妈发话了，她的声音依然洪亮、威严。

我和阿花姐姐都停止了哭泣，其他的伙伴也停止了哭泣，蜜宫里恢复了安静，大家都屏住了呼吸，因为接下来女王妈妈还有重要的事情要交代。

“守卫？”

“在！”

“从此刻起，禁止一切外出活动。”

“得令！”

“后勤兵？”

“在！”后勤兵的队长答道。

“有两件事情，你们千万不要掉以轻心。一是要做好预备女王的保温、保卫和饲喂工作，确保新女王能顺利羽化；二是要统筹好饲喂队，做好还没有羽化

的宝宝们的保温、饲喂工作，不要因为王国的分蜂，影响了他们的健康成长。女王妈妈拜托你们了。”向后勤兵交代任务时，女王妈妈放低了声音，带着深深的眷恋。

“得令！”

“侦察兵？”

“在！”

“继续侦察，优化路线，有什么情况，随时报告给我。”

“得令！”

“留下来的孩子们听令！”

“在！”我也是留下来的，我和伙伴们齐声答道。

“女王妈妈也舍不得离开你们，但这是我们蜜蜂家族的生存法则，谁也阻挡不了。我们走后，你们要继续努力地工作，维护好王国的稳定。新的女王诞生后，你们一定要服从新女王的安排。还有，我们走的时候，你们就好好地在自己的房间里待着，千万不要出来添乱。”女王妈妈提高了嗓门，“大家听见没有？”

“听见了！”我和留下来的伙伴们齐声答道。

女王妈妈继续训话：“离开的孩子们听令！”

“在！”准备离开的伙伴们齐声答道，包括在我身旁的阿花姐姐。

“都给我听好了，集合结束后，按照指定的区域，打开储蜜房，开始进食，一定切记每个成员都要吃得饱饱的。我提醒并警告大家，新的蜜宫是没有粮食的，要等我们去创造。如果天气不好，采蜜的时间就会延迟，那样，大家只能靠肚子里的食物维持生命。所以，我再次强调，你们一定要吃饱、吃饱再吃饱!”

“知道了！”

交代妥当后，女王妈妈好像如释重负，长出了一口气，说：“好孩子们，大家按照刚才的安排，赶紧行动吧。”

大家都按照女王妈妈的指令，各自去忙了，阿花姐姐和我拥抱了一下，说：“阿蜜，我也要去储

蜜了。”

我鼻子一酸，说：“阿花姐姐，你快去，你一定要多吃点、多吃点再多吃点！”

中午的时候，要离开的成员们黑压压地聚在一起，女王妈妈一声令下，侦察兵在最前面带路，女王妈妈带着大家一起飞出去，队形整齐，秩序井然。

在离开的队伍中，阿花姐姐边飞边向我挥手。

我大声地喊她：“阿花姐姐，一路顺风，我会想念你的！”

可阿花姐姐已经飞远了，留下我独自神伤。

年段：老年　　天数：第25天　　天气：晴

罢　工

今天是王国分蜂后的第一天。

天刚亮，我就发觉蜜宫和往常不一样。要是在以往，这个时候，蜜宫里面已经很热闹了，女王妈妈也已经开始巡逻了。她每到一处，就会下达不一样的指令。

“负责采集的好女儿们，赶紧出发吧，今天天气很好，据侦察兵来报，万花谷是最好的蜜源地，相信你们一定能满载而归，祝你们采蜜愉快。负责酿蜜的好女儿们，辛苦你们了，我知道，你们大多数又是一宿或者几宿没合眼，好多都有了黑眼圈，你们的贡献女王妈妈会记在心里，希望你们继续努力，多酿蜜，酿好蜜，这样，冬天的时候我们就不愁粮食了。

守卫们听好了，千万不可掉以轻心，千万不要放松警惕，要随时警戒，一旦有入侵者，及时报告，及时阻挡……”我的耳边，仿佛还回响着女王妈妈那熟悉而又洪亮的声音。

我来到大厅，环顾四周，整个蜜宫空荡荡的，没有了以前的忙碌景象，取而代之的都是消极怠工的场景，采集蜂不采蜜，清洁蜂不清洁，酿蜜蜂不酿蜜……

我十分着急，这怎么行，我又回想起女王妈妈给我们讲的有关秋天的故事，如果一个王国储蜜不足，那就会变成一个弱的王国。到了秋末的时候，王国之间的战争就会爆发，而弱国将会成为强国攻击和侵略的对象。如果我们王国再这样下去，成为弱国那是必然的。一旦成为弱国，就离灭亡的日子不远了。

我越想越觉得可怕，于是，我上前去质问一个不干活的妹妹：“都这么晚了，你们怎么还不开始打扫卫生？”

“阿蜜姐姐，女王妈妈都走了，难得有时间休息，我们先休息几天再说。”

“昨天女王妈妈走的时候，你们不是信誓旦旦地答应过她，即使她走了，也要做一只勤劳的蜜蜂吗？怎么一晚上的时间，就把自己的承诺给忘了？”我十分生气地质问。

“阿蜜姐姐，不是我把承诺给忘了，你看，不只是我，大家不都没在劳动吗？这不能怪我呀，其他成员干，我也会马上干的。”

顺着这个妹妹指的方向，我发现确实如她所说，大家都在“罢工”。

我越看越生气，便提高了嗓门说：“都给我听好了，该开始工作了！”

大家都没有吱声，气得我直跺脚。

我忍无可忍，再次提高了嗓门，声嘶力竭地喊道：“该开始工作了！”

这次，终于有了一点回应。一个小妹妹漫不经心地说：“阿蜜姐姐，我看你是吃饱了撑的，不该你管的事情你也要管，真是瞎操心。”

其他妹妹们也附和道："阿蜜姐姐，以前，女王妈妈喜欢你，所以我们敬重你，但现在女王妈妈走了，你别以为自己就是女王了。就你那小身板，还想当女王对我们发号施令，真是自不量力！"

话音刚落，蜜宫里嘲笑声一片。

我感觉我的脸直发烫，我知道，和她们再理论下去也无济于事。于是，我在蜜宫里逛了一圈，发现除了饲喂队的成员非常敬业外，其他成员都是懒懒散散的。我心想，看来一个王国，没有一个号召力强的女王真不行。

一直以来，我都是一只很听话、很自律的蜜蜂。当前这个时候，我更不能像她们一样偷懒。这样想着，我飞出了蜜宫，沐浴着阳光和柔风，去采蜜了。

今天，是我们蜜宫最懒散的一天。今天，我仍然采回了三次蜜。今天，我开始想念我的女王妈妈，想念阿花姐姐。

年段：老年　　天数：第26天　　天气：晴

寻找阿花姐姐

今天是王国分蜂后的第二天。我一想到阿花姐姐，眼泪就忍不住在眼眶里打转。

据一个老阿姐说，新女王应该要等到明天才能诞生。

我在蜜宫里逛了一圈，和昨天一样，大部分成员还是特别懒散。不过，今天比昨天要好一点，有一部分姐妹开始完成起自己的工作来。

虽然我心里很难受，但我没有忘记自己的职责，作为一只采集蜂，必须得趁着好天气，加紧采蜜。我知道，因为王国分蜂，离开的姐妹们吃了很多粮食，如果我们再不努力采蜜、酿蜜、储蜜，就要坐吃山空了。当然，那样的后果是非常可怕的。

这样想着的时候，我急忙来到蜜宫门口，准备到原野里去采蜜。而且，我在心里期待着，说不定出去采蜜的时候，还能遇到阿花姐姐。

阳光灿烂，和风习习，原野里，到处都飘荡着甜甜的花蜜的味道。我在心里窃喜，分出去的姐妹们可以利用这么好的天气及时创造新的家园，建设新的王国，储存更多的蜜，壮大王国。

我又在心里盘算着，平时，阿花姐姐最爱去的地方是万花谷。而且，当时侦察兵说过，她们选的第一个新址就在万花谷，说不定，在万花谷能遇见阿花姐姐。我心里装着希望，急匆匆地往万花谷赶。

万花谷的油菜花开得已经接近尾声了，不过，槐花开得正旺，白茫茫一片。很多不认识的蜜蜂姐妹都在忙着采蜜。来到万花谷后，我反倒没有心思采蜜了，而是一门心思想寻找阿花姐姐。我在万花谷寻来寻去，都没有看到阿花姐姐的身影。

没寻到阿花姐姐，我决定去问问那些正在采蜜的姐妹。于是，我上前搭话道：“姐姐，请问你认识一个叫阿花的姐姐吗？”

那只采集蜂显然在集中精力采蜜，过了一会儿，才回过头，丢下一句：“不认识。”

那只采集蜂看我没离开，又丢下一句话：“你问这干什么？”

“是这样的，前天，我们王国分蜂了，我最好的朋友阿花姐姐跟着女王妈妈走了，我十分想念她，今天特意来找她。”我急忙解释道。

“正事不干，尽干些无用的事情。王国分蜂，是再正常不过的事情，你别挂念她了，因为即使你找到她，她也不认识你了。我看你也是一只采集蜂，为了自己的王国，不要浪费时间了，赶紧采蜜吧。”

“但我真的很想念她。”我有些沮丧。

“真拿你没办法！”那只采集蜂采够了花蜜，带着金灿灿的花粉飞走了。

也许那只采集蜂说得对，想念归想念，我不能太执拗了，还是赶紧采蜜吧，女王妈妈离开时的训话还

在我的耳边回荡。

下午，当我在万花谷采蜜的时候，在一处花丛中，我一眼就认出了阿花姐姐，她就在我前面的一枝花朵上。我大声地喊：“阿花姐姐，我是阿蜜！”

阿花姐姐回头望了我一眼，没搭理我。

我又大声地喊：“阿花姐姐，我是阿蜜！我们是最好的朋友，前天我们王国分蜂，你跟着女王妈妈离开了，我一直在找你，今天终于找到你了。”

“你在说什么，我听不懂，别再耽搁我采蜜了。”阿花姐姐望着我，就像是在和陌生人说话。

我没怪阿花姐姐，我知道，她不记得我了，以前的事情也都不记得了。

我紧紧地跟了她一阵，果然，他们新王国的地址就在万花谷。

阿花姐姐也不回头看我一眼，而是径直飞进了他们的蜜宫。我不能进去，因为我知道，进去是要被驱赶出来的。

我静静地守在新蜜宫门口的对面，我知道，我的女王妈妈，就在里面，我的阿花姐姐，也在里面。

年段：老年　　天数：第27天　　天气：多云

新女王诞生

今天中午的时候，第一位预备女王诞生了。

当我第一眼看到她时，她很瘦，翅膀很嫩，身体很虚弱，不像以前的女王妈妈那样。

女王妈妈没走的时候，就告诉过我们，为了王国的稳定，在王国分蜂之前，她安排饲喂队一共培育了三个王台。

按照蜜蜂家族的法则，第一位羽化出的预备女王，出台后的第一件事情，就是把其他的王台全部破坏掉，防止新的预备女王诞生。如果是有两位预备女王同时诞生，就要进行搏斗，胜者为王，败者消失。

果然没错，第一位预备女王虽然很是惊慌，也很烦躁，但是，她好像天生就知道，自己羽化出来时要

做的第一件事情是什么。

我很好奇，紧紧地跟着第一位预备女王，看她是如何去破坏其他王台的。

她急匆匆地在产卵房里来回地寻找，焦急中带着恐慌。我知道，她的目标是寻找另外两个预备女王的王台。

没费多少工夫，第一位预备女王就找到了一个王台，她非常敏捷、急切地扑上去，拼命地用上颚咬开一个洞，然后用蜇针刺向王台里还没有羽化的预备女王。看着她那凶残和迫不及待的样子，我的心怦怦直跳，仿佛那锋利的蜇针是刺进我的胸膛一样。

倒腾了好一会儿，在确信王台已经被销毁后，这位预备女王喘着粗气，脸上的汗珠不断地往下掉，她显然是太累了。

才休整了一会儿，她又开始迅速地寻找另一个王台。我也紧跟其后。

当找到第二个王台时，这位预备女王的脸上掠过一丝惊慌，她趴在王台上，瞧了又瞧，看了又看，认真地检查了又检查，神色越来越凝重。

原来，这个王台的预备女王也已经羽化了。

女王妈妈曾经告诉过我，她安排培育的三个王台基本上是同一时间的，羽化的时间也应该是差不多的。

这位预备女王从已经出台的王台上下来，扭头就跑，步履匆忙，神色慌张。我已经猜测到她的想法了，她要迅速找到已经出台的另一位预备女王进行决斗。谁获胜，谁就是未来我们王国真正的女王。

我没有跟着去，因为我知道，那将是一场生与死的较量，是一场惨不忍睹的战斗，是争夺王国最高统治权的殊死搏斗。我不愿意目睹那样的场景。

晚上，我在房间休息时，阿武兴致勃勃地跑来告诉我说：“今天的女王争霸，场面太激烈了……”

我立刻打断她的话：“停停停，别说了，我不想听那惨烈的过程，你就说谁胜了！”

“哈哈，告诉你吧，是第一位出台的预备女王胜了，不过她受伤很严重，第二位预备女王在战斗中死

了。”阿武津津乐道地说着决斗的事。

我点点头，没再说话。

今天，是很糟糕的一天，全王国只有少部分伙伴出去采蜜。

今天，是很残酷的一天，守卫们抬着战死的预备女王的尸体，扔在了蜜宫外的草丛里。

今天，我们王国诞生了新女王。新女王能否很快恢复身体？能否管理好王国？能否带领大家走向强大？我们都不知道，我在心里充满着期待和焦虑。

年段：老年　　天数：第28天　　天气：晴

新女王巡查

“你的代号是什么？”新女王在蜜宫里巡查时，正好遇到我。

我瞟了她一眼，她昨天和第二位预备女王争霸时受了伤，现在还没有完全好，行动起来都还不利索。

“我没有代号，之前的女王妈妈十分喜欢我，给我取了名字，我的名字叫阿蜜。”我自信而幸福地回答。

“阿蜜，很好听的名字。”新女王有些不悦，“不过，现在王国里我是女王，是你们全体成员的女王，你以后不要老是提之前的女王妈妈了，知道不？”

我点了一下头：“知道了，女王。”

我顿时感到很难过，女王妈妈生了我，很喜欢我，我思念她、感恩她，是很正常的事情，我不知道新女王为什么不让我提女王妈妈。

向我问过话后，新女王又继续巡查。

以前，女王妈妈巡查时，不管走到哪里，所有的成员都必须让出一条通道，恭敬地站在两旁，随时听从女王妈妈的吩咐，坚决执行女王妈妈交办的一切事情。可是现在，不论新女王走到哪里，大家都爱搭不理的，没有以前的那种严肃感、紧张感和仪式感。不过，新女王倒也不生气。

“最近蜜源非常好，大家要抓紧时间去采蜜。”新女王对一拨采蜜姐姐说道。

大家都没有回答她，一副无所谓的样子，搞得新女王很难堪。新女王发出的指令和要求，也根本得不到落实和执行。

我观察了一下，蜜宫里所有的成员，对这个新女王都不看好。对她所说的话，都是置若罔闻。因为大家都知道，新女王要成为真正的女王，还有很多不确定因素。首先，要看她的伤势恢复得如何，如果是一个有残疾的女王，大伙是不认可的，肯定会一起密谋急造王台，重新培育新的女王。再有，还要看她能否婚飞成功，如果婚飞不成功，就不能产卵宝宝，也是会被大家抛弃的。

新女王估计心里也知道，现在以她的威信和实力，要指挥我们还不够格，她也很知趣，并不作强求，说完就又到其他地方巡查去了。

虽然大家都没把她当成真正的女王，不过，一大早，她就开始巡查，督促大家努力工作，倒是挺勤奋的。这一点，我对她还是打心里十分认可的。

新女王走后，我问旁边的m-h-1567："新女王说了，让我们抓紧去采蜜，一会儿我们一起去吧？"

"阿蜜，这新女王的话你也听？她能不能成为真正的女王，还不知道呢！以前我们太辛苦了，难得有机会，放松几天再说吧。"

"对对对，先休息休息再说，太辛苦了，会被累死的！"m-h-1698也附和道。

我鄙视地望着她们，咬牙切齿地说："你们真是懒惰！"

"懒惰就懒惰吧，谁叫新女王指挥不动我们。要是换作以前，不等女王妈妈发出指令，我们早就出发了，但现在情况不同了！"

看到她们无赖又惬意的样子，我知道再和她们理论也没有用。我决定自己采蜜去，因为我知道，没有监督的自律，才是最极致的自律。

年段：老年　　天数：第29天　　天气：晴

动　员

昨天晚上，我一宿没睡好，一直想着新女王，脑海里不断地闪现出她无奈又认真的样子。也不知道她的伤势如何了，真希望她快快好起来，领导我们的王国重新步入正轨。如果她不能快速树立起自己的威信和威严，我们的王国早晚要出问题。

早上的时候，我突然记起阿花姐姐曾经告诉过我的一句话："女王身体要好，蜂王浆不可少。"

"对，女王身体要好，蜂王浆不可少。"我自言自语地重复着这句话。

于是，我迅速找到饲喂队。

我逮着其中一个妹妹问："小妹妹，昨天你们喂新女王蜂王浆了吗？"

“阿蜜姐姐，你怎么这么着急？上气不接下气的。”

“到底喂了没有？”我喘着粗气问。

“喂了，但喂得很少。”

“为什么喂得很少？”

“阿蜜姐姐，你怎么对我们这么凶？新女王还不一定是我们的女王呢，我们的蜂王浆，要用来喂其他的弟弟妹妹。”

“你们真是糊涂！新女王在女王争霸中，拼尽了全力，最终获胜了，不过也受了很严重的伤。你们都看见了，新女王现在走起路来，都还是一瘸一拐的。如果她得不到很好的饲喂，她的伤势就不会很快恢复，那样，她就不能出去婚飞，就不能产卵宝宝，我们的王国也就不会新增成员。最可怕的是，某些成员还会合谋起来造反，到时我们的王国会灭亡的！”说这些话的时候，我感觉我的心在使劲地跳动，我的语速很快，就像心跳一样快，一种无名的痛始终萦绕在心头。

“阿蜜姐姐，我们都很敬佩你，你是我们王国的采蜜标兵，你说的这些我们都懂，但我们要看看这位新女王到底值不值得我们去饲喂，比如她的伤势恢复情况，比如她的领导能力。”她们异口同声地说。

我顿时无语，但还是强打精神，继续开导：“你们不把新女王饲喂好，她的身体就不能很好地恢复，你们怎么知道她是否有领导能力，是否能管理好我们王国呢？”

她们眨着眼睛，摇头晃脑的，看样子应该是在琢磨我说的话。

突然，一个小妹妹举手说道：“阿蜜姐姐，你说得很有道理，为了我们王国能尽快恢复正常的秩序，现在，我们必须把新女王饲喂好，然后才有希望。”

我很欣慰，终于有明事理的妹妹了。我说道：“这就对了，那就拜托你们大家了。”

这些妹妹们嘴上虽然答应了，但是否会履行她们的承诺，还要看她们以后的行动。

和她们分别后，我急着去找小花妹妹。

小花妹妹原本没有名字，她的代号是m-w-5896，是我昨天才认识的。昨天我采蜜回来的时候，在蜜宫里遇到了m-w-5896，她的样子太像阿花姐姐了，神态像，样子更像。我脱口而出：“阿花姐姐，你回来了？”

m-w-5896愣了一下，左顾右盼，确认是我在叫她时，问道：“你是在叫我吗？”

“是的，你是阿花姐姐吗？”

“什么阿花姐姐？我是m-w-5896，你认错了。”

我又上下打量了一下m-w-5896，确实和阿花姐姐长得一模一样，不过，听她说话的声音，还很稚嫩，真的不是阿花姐姐。

我向m-w-5896说明原因后，m-w-5896很开心，她说：“既然我长得那么像你的阿花姐姐，我可不可以做你的小花妹妹？”

m-w-5896这么一说，我更高兴了，回答道：“当然可以，你以后就是我的小花妹妹，我是你的阿蜜姐姐，以后我们就是好朋友了。”

在产卵房，我找到了小花妹妹，她正在给弟弟妹妹们喂早餐。因为王国的分蜂，新女王现在又不会产卵宝宝，所以产卵房里的弟弟妹妹们并不多。

小花看到我，非常高兴，跑过来紧紧地把我抱住。

小花松开我后，我把来找她的目的向她说了，把饲喂好新女王的重要性也跟她说了，让她在饲喂队里尽量地宣传和引导，团结带领饲喂队，多给新女王饲喂蜂王浆，让新女王尽快地好起来，成长起来。

小花答应了。我相信她一定会说到做到的。

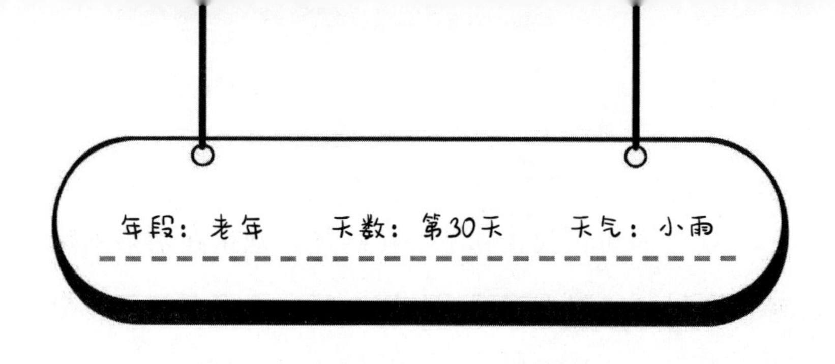

雨天外出

天快亮的时候，播报兵在蜜宫里来回播报：今天蜜宫外温度14～22℃，小雨。

一听到蜜宫外温度14～22℃，我心里为之一振，心想这温度，正适合采蜜，这几天的天气真是太好了。可一听后半句：小雨，我马上又沮丧起来。天气要变了，采蜜最担心的就是下雨天了。不过，我转念一想，小雨而已，一天当中，只要有不下雨的空档，我就能找到采蜜的机会。

果然，播报兵播报得没错，天亮后，蜜宫外就下起了雨。我从蜜宫门口往外望，淅淅沥沥的小雨从天空中落下来，轻轻地打在叶子上，聚成晶莹的水珠，然后又迅速散开，流到地上。

雨越下越大，我瞪着蜜宫外面发愁。昨天傍晚的时候，我已经和一树槐花说好了，今天我一定去那里采蜜，可不能食言啊。

不能出去采蜜，我只能在蜜宫里闲逛。今天，新女王的状态比起之前好多了，大家都渐渐地感受到王国有了盼头。于是，除了我们采集蜂，大家都开始井然有序地完成自己的工作，该打扫卫生的打扫卫生，该酿蜜的酿蜜，该站岗的站岗……

好不容易等到中午，雨终于停了，我悄悄地来到蜜宫门口，伺机飞出蜜宫。守卫蜜宫的妹妹发现了我，询问道："阿蜜姐姐，你鬼鬼祟祟在这里干什么？"

"我，我想出去上个厕所！"我撒谎了，心里紧张得厉害，眼神也飘忽不定。

守卫妹妹觉得我的理由还算充分："好的，速去速回，千万不要在外面久留，今天阴雨绵绵，估摸一会儿又要下雨了！"

我应了一声，然后快速地飞出蜜宫。耳边还

回响着守卫妹妹的声音："快去快回，雨天外面危险……"

那树槐花见到我都很意外，激动地说："阿蜜，没想到你这么信守诺言，我们好感动！不过，下雨天很危险，你赶快回去吧，我们的花粉和花蜜，会一直为你留着。你是我们的好朋友，我们都不希望你有什么意外!"

没采到蜜，我心里很不甘。但我知道，他们都把我当成了最好的朋友，都是为我的安全着想。

"快回去吧，又要下雨了！"槐花们催促道。

我抬头往远处望，山谷那边，雾蒙蒙的，估计雨已经到了那边。我顿时感到有些害怕，匆匆和槐花们道别后，飞快地往蜜宫赶。我不时回头望，那团雾蒙蒙的雨团，紧紧地追着我，越来越近……

快到柳芽塘时，迎面飞来了小花和几个妹妹。她们大声向我喊话："阿蜜姐姐，你没事吧？我们是来找你的！"

"我没事，后面雨追来了，你们赶紧调头，我们赶快回蜜宫！”我大声地答道。

“好，我们快快回去，新女王很担心你！”

蜜宫里，我被大家围在中间。

回来的时候，我拼命地飞，现在全身乏力，心还怦怦直跳。我心想，今天一定会被新女王狠狠地训斥。我看看旁边的小花，她也是惊魂未定。

新女王缓缓地向我们走来，她虽然还不及女王妈妈那么有威严，但也开始逐渐显现出女王该有的风范。同时，我自己做错了事情，心里还是很自责的。

她来到我们的面前，并没有训斥我们，而是擦了擦我们脸上的雨水，说道：“都没事就好，没事就好。”

然后，新女王又提高了声音：“以后绝不能再犯这样的错误，采蜜和生命相比，生命更重要！”

我悬着的心终于落了下来。

我郑重地点点头：“知道了，女王！”

小花和那几个妹妹也不停地点着头。

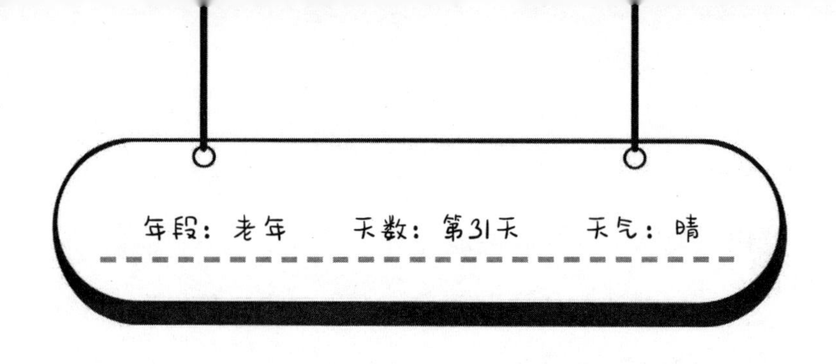

留　下

傍晚的时候，蜜宫里来了一位不速之客。

她刚进蜜宫，身上散发出的与我们不同的气味，就将她暴露了。

守卫们迅速围过去：“大胆，你是谁？竟敢闯进我们蜜宫！”

我也急忙凑上前去，看个究竟。

原来是一只可怜的蜜蜂。此刻，她的眼睛里满是害怕，身体不停地颤抖，一副惊慌失措的样子。

“快说，为什么来我们蜜宫？”守卫们大声地质问道。

“我饿急了，想来找点东西吃。”

我听得出，她回答的声音也在颤抖。

看到她的样子，让我立刻想到了小欢，她现在的神情，和当时小欢闯进我们蜜宫时一模一样。

“少废话，赶快离开，否则休怪我们对你不客气！”守卫们严厉地下了逐客令。

她看这阵势，再不离开，可能会大事不妙。于是，迅速地逃离了我们蜜宫。

此情此景，多像小欢。而我的心情，也和当初一样。于是，我悄悄地跟着她。

在离蜜宫不远的草丛里，她停了下来，我也停了下来。

她发现了我，一脸的害怕，说道：“你要干什么？我已经离开了，请你不要伤害我！”

我连忙向她摆手，说：“别害怕，也别误会，我不会伤害你的！”

她也感觉到了我没有恶意，所以不像刚才那样害怕了。

“你叫什么名字？”我问道。

“我没有名字。”她摇头。

我点点头，然后又问道："刚才你说，你太饿了，为什么不回自己的蜜宫，而跑到我们蜜宫里来呢？"

她没有回答，眼泪一下子流了下来。

等她情绪平复了一些，我说："小妹妹，别伤心了，说出来，我们一起分担。"

她抬头看看我，目光中带着一丝信任。

"二十天前，我们的王国分蜂了，然后诞生了新女王。十多天前，新女王出去婚飞，但却没有回来……"说到这里，她哽咽起来，"没有了女王，工蜂们开始疯狂地工产，然后，整个王国的雄蜂越来越多，工蜂越来越少，吃东西的成员越来越多，干活的越来越少，王国坐吃山空，我们只好四处逃命。我不知不觉就误闯进了你们的蜜宫。"

她说到这里时，我又想起了小欢。小欢是自己的王国被破坏了，找不到自己的女王妈妈了。而她，是为了生存，选择离开自己一无所有的王国，独自逃生。

小欢和她，都怪可怜的。

突然，我的脑海里闪现出一件可怕的事情。我自己的王国，虽然新女王已经诞生，但还没有进行婚飞。如果婚飞成功，新女王才能成为真正的女王；但如果婚飞失败，我们的王国，是不是也会慢慢地消亡？我会不会成为眼前的她，成为小欢？

看着眼前的她，我不敢再往下想，这真的太可怕了。

与此同时，我也做了一个大胆的决定，我要留下她，虽然这是违背蜜蜂王国规定的。

“你想留在我们王国吗？”我问道。

“肯定想！”

“那我来想办法。”

她一听我说我来想办法，赶紧问道：“你有什么办法？”

“一会儿我回蜜宫里，给你带来一些蜜，涂抹在你的身上，那样，我们王国的成员就闻不到你身上特有的气味了，她们闻到的只是你身上蜜的味道。”

她迟疑了一下，问道："你为什么要这么做，这是违反王国规定的。你不怕你们的女王责罚你吗？"

我说："我已经失去了小欢，我不想再失去你。"

当然，眼前的她并不知道小欢是谁。但我看见，她流下了感激的泪水。

最后，我给她取了一个名字，叫"欢欢"，希望她一直都欢心，欢快。

她说，她很喜欢这个名字。

年段：老年　　天数：第32天　　天气：晴

花　恋

今天，我和欢欢结伴同行去采蜜。

成为我们王国的一员，欢欢激动的心情还没有消退，一路上有说有笑，脸上洋溢着幸福的笑容。

在小溪边小憩的时候，我突然想起一件事情。这几天，都没有看到飞飞姐姐，她平时也喜欢来这里采集花粉和花蜜，也喜欢来小溪边照镜子。

欢欢看出了我的心事，问道："阿蜜姐姐，你在想什么？"

"有一个叫飞飞的姐姐，这几天都没有见着她。"说这话时，我内心泛起无端的痛楚。

"阿蜜姐姐，你到底怎么了？你的脸色好像不太好！"欢欢追问道。

“我没事，我估计飞飞姐姐她……她已经花恋了！”我的心情突然变得很沉重。

“什么叫花恋？”欢欢像小孩子一样，继续追问。

我停顿了一下，说：“花恋就是离开的意思。”

欢欢听到“离开”这个词，一副吃惊的样子。

“我们蜜蜂家族，女王的寿命一般是3～5年，而普通成员，最长的也就几个月，一般的只有几周左右。春天是我们家族最繁忙的季节，飞飞姐姐比我大13天，今天应该是45天蜂龄了，所以我猜测，飞飞姐姐已经花恋了。”我感觉我的眼泪在眼眶里打转。

“你的飞飞姐姐要花恋的时候，怎么不告诉你一声？”欢欢有些伤心，又有些埋怨。

“不能怪飞飞姐姐，王国有规定，我们每一个成员，都不能为王国增添麻烦，如果感觉自己要离开了，离花恋的时间不多了，就要做好充分的准备，悄悄地离开蜜宫，安然地结束自己的一生，更不能花恋在蜜宫里，那样，会增加其他成员的工作负担。”我望着欢欢，“你好好回忆一下，你以前的王国，是不是没有发生过这样的事情？”

欢欢沉思了一下，说：“确实没有看见过。我知道了，你的飞飞姐姐这样做，是不想大家为她难过。”

我和欢欢的样子都落在小溪里，我打量着水面里的她，神采奕奕，精神饱满，比我年轻多了。

“欢欢，我的蜂龄已经32天了。有些时候，想到花恋，我的打算是这样的：我会在一个阳光明媚的日子，在完成自己一天的工作后，在夕阳下，选择自己最喜欢的花朵，然后，悄悄地钻进她的花房，望望夕阳西沉，看星星一颗一颗地亮起，听着微微吹过耳边的风，然后，慢慢地闭上眼睛，永远不再醒来……”我一边说着，一边沉浸在想象中。

欢欢吓了一跳：“阿蜜姐姐，你不要吓我。你说过，我们是最好的朋友，我可不能离开你。”

“傻妹妹，我也不想离开你，但是，这是我们每个蜜蜂家族成员的生存法则！你明白吗？”

“不明白，反正我不能离开你！”欢欢撒着娇。

“不说这些了，我们抓紧采蜜吧。”

一阵阵微风拂过，一片片花瓣轻盈地落在小溪里。溪水唱着歌，载着花瓣流向远方。我和欢欢也飞向了花的枝头。

年段：老年　　天数：第33天　　天气：晴

婚飞

“阿蜜姐姐，真是太气人了，那些雄哥哥和雄弟弟们，食量太大了，再这样下去，我们王国早晚会被他们吃空的……”小花跑来向我告状。

看着小花那义愤填膺的样子，我想起自己在童年的时候，看到雄哥哥和雄弟弟们一天天好吃懒做，心里也是一团气，就像小花现在这个样子。

“阿蜜姐姐，你怎么一点也不着急？我们去和新女王说说吧，请新女王下达命令让他们节约一点！”看到我一点反应都没有，小花更着急了。

看着小花严肃认真的样子，我笑笑说：“就让他们多吃点吧！”

“阿蜜姐姐，你今天怎么这样啊？居然还笑得出来！”

小花显然有些生气了。我想，再不把实情说出来，以她那认真的态度，会和我决裂的。

我连忙收住了笑，说：“你别生气了，让我慢慢给你解释。”

小花盯住我，急迫地问：“到底是为什么？”

“你知道在我们蜜蜂王国，雄蜂的职责是什么吗？”我问小花。

小花摇摇头，显然是被我的问题难住了。

“这些雄哥哥和雄弟弟，平时什么事情也不干，一天只知道吃，确实让我们讨厌，但他们有他们神圣的职责，就是和我们的新女王进行婚飞。”

“什么叫婚飞？”

“刚刚诞生的新女王自己是不能产卵宝宝的，只有和雄蜂们在晴朗的天空中举行过婚礼，才能产卵宝宝。新女王和雄蜂们在天空中飞翔着举行婚礼，就叫婚飞。”

听我这么一说，小花恍然大悟，显然是认识到自

己的错误了，赶紧说："阿蜜姐姐，刚才我错怪雄哥哥和雄弟弟们了。"

"不知者不怪，据信息兵的消息，如果明天天气晴朗，我们新女王的婚礼就定在明天。"

"阿蜜姐姐，刚才听你说婚飞要在晴朗的天气进行，那如果明天的天气不好呢？"小花又担心起来。

小花担心的，其实也是我担心的。如果天气不好，新女王的婚礼就不能如期举行，那样，对我们王国来说，是非常不利的。

我说："希望明天天气会好。"

小花也点头，目光中充满着深深的期待，脸上已经看不到刚才的愤怒了。

小花让我陪她去看望那些雄哥哥和雄弟弟们。

见了我们，一个雄弟弟调皮地说："小花姐姐，脸色怎么变好看了？你那暴脾气，刚才可把我们骂惨了！"

小花不好意思地说："我刚才错怪你们了。阿蜜姐姐都给我说清楚了，明天如果天气晴朗，你们会和新女王婚飞，你们可要吃好，把身体练得棒棒的，好和新女王举行婚礼。”

“那是肯定的，我们一直都在练习飞翔，就等着明天了。”雄哥哥和雄弟弟们异口同声地说。他们一个个精神抖擞，信心满满。

我往雄蜂房望了一眼，里面黑压压的一片，全是雄哥哥和雄弟弟，他们个头比我们大，而且身体比我们黑。有些雄哥哥，为了婚飞，已经等了很久了。

我说：“哥哥弟弟们，该吃你们就吃，该喝你们就喝，要随时做好婚飞的准备哦！”

“阿蜜姐姐，你就放一百个心吧！”

其实，对于这些雄哥哥和雄弟弟们，我一直都不担心的。蜜宫里一直养着他们，为的就是婚飞这一天。我担心的是，当这些雄哥哥和雄弟弟们的使命完成后，到夏天、秋天缺蜜的时候，他们就会被女王赶出蜜宫，活活被饿死……

但这些事我没有告诉雄哥哥和雄弟弟们，包括小

花，因为我担心他们听了，会很伤心。

真希望明天的天气会很晴朗，希望新女王的婚礼能成功举行。

年段：老年　　天数：第34天　　天气：晴

女王的婚礼

今天，是新女王举行婚礼的大喜日子。

天刚亮，我和小花就守在蜜宫门口，观察今天的天气情况。

我们目不转睛地盯着东方。不一会儿，天边泛起了鱼肚似的淡白色，接着，渐渐亮起来，那白色像水一般漫向天空，才一会儿工夫，整个天空就变得透明晶亮。紧接着，蓝色的天幕上升起一轮金光灿烂的太阳。几片薄薄的白云，像被阳光晒化了似的，随风缓缓浮游着。蜜宫门口，不时飘来阵阵花香。

我和小花异口同声地说道：“今天天气真好。”

小花问我：“阿蜜姐姐，新女王的婚礼在什么时候举行？”

“今天天气最晴朗的时候。”我答道。

“那我们先去干活，再来参加新女王的婚礼吧！”小花提议道。

“不用，今天是我们王国最隆重的一天，也是最关键的一天，所以，今天我们不用劳动，所有成员要一起见证新女王的婚礼。”

我说得没错，我和小花从蜜宫门口返回蜜宫时，大家已经接到了新女王的通知，今天全天休息。所有成员欢欣雀跃，大家都停止了手上的工作，期待着新女王婚礼的开始。

从早上起，所有的雄哥哥、雄弟弟们，不断地从蜜宫门口飞出去。我知道，他们是在离我们蜜宫一定距离的局部空间内进行飞行，形成一个“雄蜂圈”，等待着新女王飞入雄蜂圈，完成神圣的婚礼。

新女王的婚礼终于要开始了，我们兴奋地围绕在新女王的周围。

新女王今天看起来很精神、很兴奋，面色红润，一脸的自信和幸福。

我们排成整齐的队形，新女王在我们的簇拥下，缓缓走向蜜宫门口。我们高声呼喊道：“女王，加油！女王，加油！”

到了蜜宫门口，新女王示意我们停止呼喊，她向我们挥挥手，然后声音洪亮地对我们说：“好孩子们，等着我回来！”说完展翅腾空而去。

新女王刚走，我们便紧跟在她的身后，陪她飞了一段路程，欢送她婚飞。

送走新女王后，我们及时返回蜜宫，静静地等候新女王的归来。我身旁的小妹妹们都聚精会神地盯着蜜宫门口。

一个小时过去了，不见新女王回来。大家都有些焦急。

两个小时过去了，还是不见新女王回来。有个家伙终于按捺不住了：“新女王会不会遇到什么危险了？”

大家都盯着那个说话的家伙。小花狠狠地对那家伙说：“闭上你的乌鸦嘴，尽说些不吉利的话！”

眼看三个小时快到了，仍然不见新女王回来，大家都等得精疲力尽了。这时，就连小花也失去了耐心。她悄悄地问我："阿蜜姐姐，新女王不会出什么事了吧？"

"不会的，我们要相信新女王。"我压低声音说。其实，说这话的时候，我心里也没底，也没有信心。

"你们在嘀咕什么？如果新女王回不来了，我们应该早做打算，加紧培育新的女王，否则，我们王国就会彻底灭亡，大家要明白事情的严重性！"还是刚才说话的那个家伙。

这次那家伙的提议，居然得到了好多成员的附和："是的，我们确实应该早做打算！"

正当蜜宫里吵得不可开交时，蜜宫门口传来一个激动的声音，是守卫阿武提醒大家："都别吵了，女王回来了，女王回来了！"

大家都不约而同地朝蜜宫门口望去，果然，新女王回来了，一脸的幸福和疲惫。

“女王回来了，女王回来了！女王辛苦了，女王辛苦了！”

欢呼声在蜜宫里此起彼伏。

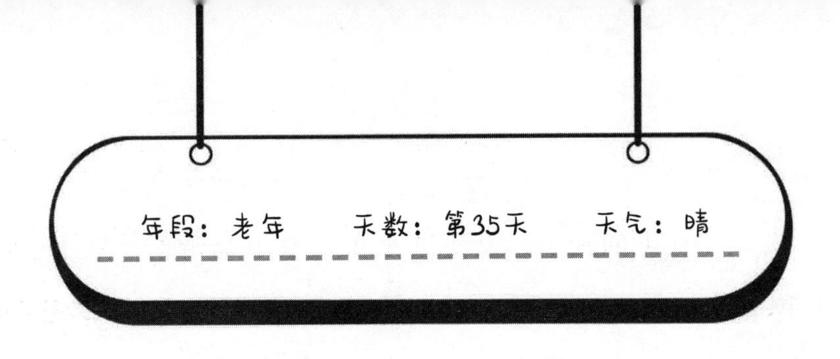

敌人来犯

中午，我正守在巢房上，逐一检查每一个巢房的损坏情况和卫生情况。突然，听见大殿上有急促的声音。

“报！报！”守卫阿武惊慌失措地向大殿跑来。

“什么情况？”新女王问道。

“禀告女王，蜜宫门口有敌人来犯？”

“是何敌人？”

“初步判定是一只大胡蜂，现在正在蜜宫门口活动！情况紧急，请女王赶紧定夺！”

“按照我们的防御计划，全力做好防御！”

“得令！”阿武迅速离开。

“该来的总会来，今年的敌人，来得有点早啊。

看来，蜜宫又有一次劫难了。”新女王神色凝重地自言自语，但看不出她有一丝的慌乱。

我悄悄地来到大殿上，对新女王说：“女王，我和阿武她们一起去抵御敌人吧。”

“阿蜜，你还是陪在我身边吧！”

听了新女王的话，我心里有些为难，勇敢地说：“我想和她们一起去抵御敌人。”

“阿蜜，陪在我身边吧。你虽然也是老姐姐了，但你一直为王国着想，有很多事情我需要你的帮助。抵御敌人的事情，就让其他老姐姐去做吧。她们在青春的时刻，不辞辛劳，每天都在为王国创造食物，现在，在生命的最后一段时间里，即使有个三长两短，也牺牲的值得。”新女王说这些时，神情异常凝重，一脸的严肃。

“报！报！”阿武紧急来报，我看到她神色慌张，满脸都是汗珠。

“情况如何？”

“禀告女王，敌人十分凶猛，我们抵御不了，现

在它已经进入蜜宫，情况十分严峻，请您定夺！”

“上敢死队！”新女王下令道。

“得令！”阿武嗖的一下侧过身，准备马上离开，刚走几步，又侧过身来，“禀告女王，为了您的安全，请您先向后殿回避一下。”

“知道了，去吧！”新女王向阿武挥了挥手。

我跟新女王来到后殿，她虽然很镇定，但我从她的脸上，还是看出了丝丝忧虑和不安。

过了好一会儿，阿武来报：“禀告女王，敌人已经被控制住。”

和前两次禀报有所不同，这次，阿武没有了之前的惊慌。

“前面带路，我去看看。”新女王对阿武说。

我跟着新女王，一起赶往蜜宫门口。

到了蜜宫门口，壮烈和凄惨的场景令新女王和我唏嘘不已，好多老姐姐都牺牲了……

“女王，敌人就在里面！”阿武的声音很沉重。

顺着阿武的指引，在蜜宫门口的下面，我看到好多老姐姐，一个挨着一个，一个紧贴着一个，叠成了一个大大的球。我知道，敌人就在这个球的最中央。和敌人贴得最近的老姐姐们，是不是已经牺牲了呢？

这样想的时候，我不禁小声地抽泣起来。在场的其他姐妹也都流下了眼泪。

“大家别哭了，我们要向这些老姐姐们学习和致敬。她们度过了快乐的幼年和童年，在青年和壮年，为王国作出巨大的贡献，在老年的时候，与敌人同归于尽，这是何等的伟大，何等的光荣！”新女王安慰我们道。

我停止了抽泣，默默地望着那个大大的球，心想，这也许就是自然法则吧。

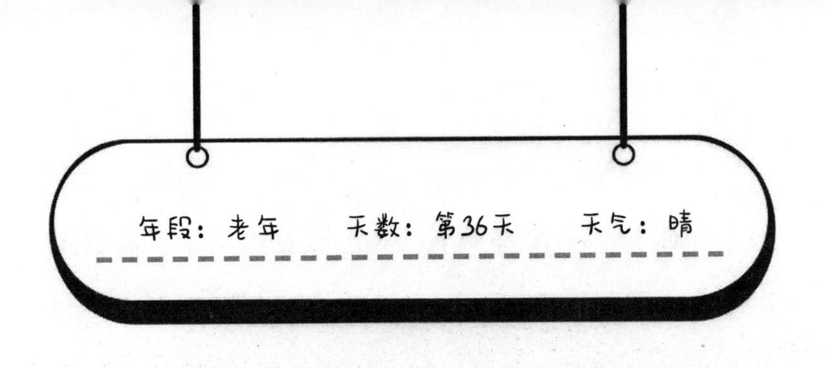

满月酒

今天中午的时候，小花忙不迭地来找我：“阿蜜姐姐，有好消息。”

看到小花的样子，我突然想起自己来，记得当初，蜜宫里有什么消息，我都会第一时间去告诉阿花姐姐。

“什么好消息？”我问道。

“新女王产卵宝宝了！”

这确实是一个很振奋人心的消息。自从女王妈妈离开后，我们蜜宫里，已经很久没有卵宝宝出生了。新女王诞生后，也一直没有产过卵宝宝。现在，新女王终于产卵宝宝了，说明新女王前天的婚飞是成功的。新女王产下卵宝宝，她的威信将会进一步提升，我们的王国又将变得强大起来。这也是最近一段时间来我最大的夙愿。

“新女王还对我们说，等宝宝们羽化那天，她要在蜜宫里办一场隆重的满月酒。阿蜜姐姐，到时我们就可以吃满月酒了。”小花越说越兴奋。

“好，我们一起参加！”我掩饰内心的不安对小花说。

“要吃满月酒了！要吃满月酒了！”小花特别高兴，手舞足蹈的。

显然，小花没有看出我的难过。我心里十分明白，等第一批宝宝羽化，还需要很长时间，而我今天已经是36天蜂龄了。从前天起，我就没有出去采蜜了。最近几天来，我总是感觉力不从心，身体大不如前，干不了重活，飞行时老是气喘，整个身体就像要散架了似的，怕是等不到吃满月酒的时候了……

和小花分别后，我独自飞向万花谷。我不是去采蜜，而是到我最喜欢的地方静一静。一路上，我都在想念阿花姐姐。

我记起阿花姐姐第一次带我来万花谷采蜜的时光，那时，我们都很年轻，我们是那样的开心，那样的兴奋，那样的自由自在，还有好多时光可以期待、可以挥霍。

我想到我们分别时的场景，阿花姐姐走的时候是那样的坚毅，那样的义无反顾，那样的勇往直前。然而，分别也成了永别。

我又想到阿花姐姐失忆的样子，我知道她不是不爱我，不是不喜欢我，不是不想念我，而是她已经忘记了我。即使我就在她的眼前，我们近在咫尺，她也不认得我是她最好最亲的妹妹——阿蜜。

……

最后，我想到最严峻最残酷的事情，女王妈妈在我青年的时候曾经告诉过我，按照自然法则，春季时出生的蜜蜂，因为劳动严重超负荷，对身体造成的伤害也大，因此，蜂龄一般就在40天左右。我今天已经是36天蜂龄，阿花姐姐比我大6天，今天已是42天的蜂龄了。阿花姐姐，我的好姐姐，你是否还在？是否已经离开了我们？

想到这里，我的心撕心裂肺的痛。

我憋足了所有的力气，大声地喊道："阿花姐姐，我是你的妹妹，我是阿蜜，你在哪儿？"

回声在万花谷中回荡。

花儿听到了，

蝴蝶听到了，

白云听到了，

鸟儿听到了，

小草听到了……

他们都说："小蜜蜂，回去吧！你的阿花姐姐与你同在，我们与你同在。"

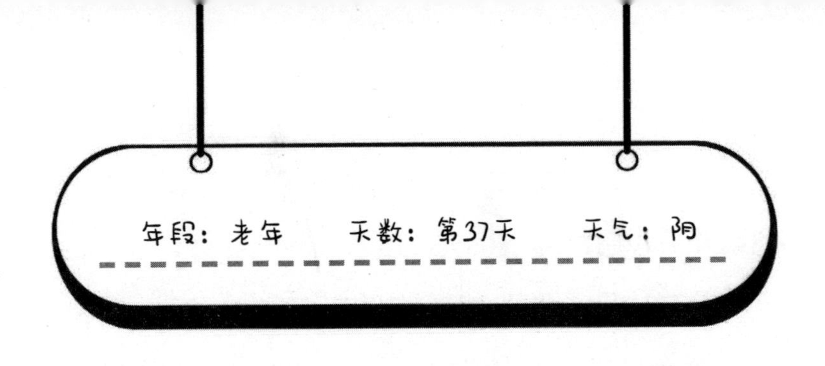

生存法则

春天进入了尾声，夏天已经到来。

进入这个季节，大规模的花已经开始凋谢，只有零星的几种野花还开着。由于中午天气特别热，所以最近几天，太阳刚刚升起，采蜜的队伍就趁着凉爽，飞出蜜宫去寻找那些零星的花朵。

虽然大家都很努力，可是，带回的花粉和花蜜还是比以前少了很多。再加上我们王国分蜂的事情，正常的采蜜活动受到影响，我十分担心储蜜不足。于是，我悄悄地跑到蜜宫的储蜜房里，查看剩下的蜜还有多少。

我来到第一排储蜜房，逐一查看了每一间的储存情况。还好，每间储蜜房都是满满当当的，而且，还打了白色的封条，我的心里顿时踏实了许多。

“站住！干什么的？”正当我顺着储蜜房过道准备往前走时，一个声音把我吓了一跳，我立刻停住脚步。

嗖的一下，一个守卫站到了我的面前，原来是阿勇，她是负责守卫储蜜房的。

“阿蜜姐姐，你来这里干什么？这里可是禁地，是不能随便出入的。”

“最近田野里的花开始少了，天气又热，采集队采回的花粉和花蜜也明显少了，我担心储蜜不足，所以过来看看。”我如实地向阿勇说道。

阿勇哦了一声，脸色怪怪的。

“刚才我看了一下第一排的储蜜房，满满当当的，挺不错的。”我说。

阿勇却叹了口气。

今天阿勇太反常了，以前她不是这样的，惹得我都有点生气了，我问道：“阿勇，你这是怎么了，一会儿‘哦’，一会儿‘唉’，到底是怎么

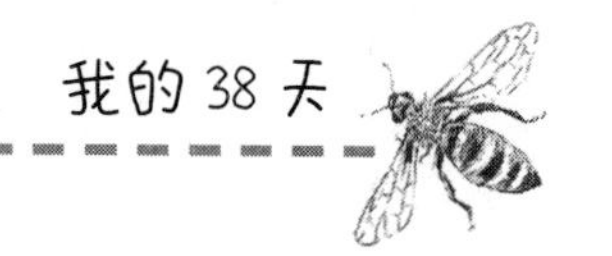

回事？”

阿勇用手指了指储蜜房最里排的方向说：“都已经快坐吃山空了。阿蜜姐姐，你自己去看看吧！”

阿勇这么一说，我感觉大事不妙，忙走向阿勇指的方向。一路上，我听见里面传来嘻嘻哈哈、开怀大笑的声音。

到了里面，眼前的情景让我大吃一惊。

一大片黑压压的雄哥哥和雄弟弟正肆无忌惮地吃着蜜，而且，一点都不知道节约，洒得满地都是。再看看储蜜房，封条被他们撕得到处都是，一排排的房间，被他们吃得空荡荡的。

我的气一下子涌到胸口处：“你们这些家伙，都给我停住！”

他们齐刷刷地望向我。我这才发现，这一大片黑压压的雄哥哥和雄弟弟，估计超过了600多个。而且，我没猜错的话，最近一段时间，他们一直都躲在这里偷吃。

“都给我停住！”我喘着气再次喊道，一喊胸口就隐隐作痛。

“阿蜜姐姐，我们敬重你曾经是采蜜标兵，所以不跟你计较。你就少管闲事吧，吃喝玩乐本就是我们的生活。”他们嬉皮笑脸地说道。

“这进入夏天蜜源已经很少了，你们还在这里大吃大喝。再这样下去，等不到冬天，我们全部都得完蛋！”我大口大口地喘着气，不断地用手捶着胸口。

“阿蜜，我们最后警告你，真的不要多管闲事了，赶快离开这里，要是把我们惹怒了，我们会对你不客气的！”

“什么？对我不客气？”我十分愤怒，准备冲过去和他们理论。

阿勇一把拉住我，说：“阿蜜姐姐，你消消气，别和他们一般见识。再说了，就凭我们俩，根本不是他们的对手。”

我叹了口气，仔细一想，阿勇分析得对，他们的个头都比我们大，要是真的打起来，我们会输得很惨。

阿勇悄悄在我的耳边耳语："我们还是走吧，这样僵着不是办法，我们去告诉新女王。"

当我和阿勇把储蜜房的情况告诉新女王时，新女王十分淡定，说道："我早已知道了，驱逐行动已经启动了！"

我发现，新女王现在十分威严，做事说话十分果断，就像以前的女王妈妈一样。但什么是驱逐行动，新女王没有说。

正当我准备离开大殿时，新女王叫住我，深情地对我说："阿蜜，保重身体，我知道你为了我们的王国付出了很多，我很感谢你！"

我深深地给新女王鞠了一躬，说："谢谢女王，你是一位好女王，我们王国又有希望了！"

晚上的时候，阿勇跑来告诉我，她们已经正式接到新女王的指令，从明日起，所有的雄蜂，禁止进食。而且从明天起，新女王和守卫队会亲自执行，将他们全部驱逐出蜜宫。

阿勇说完后，我没有兴奋，也没有惆怅。我记起了女王妈妈说过的话：“这就是生存法则，谁也改变不了，我们必须接受。”

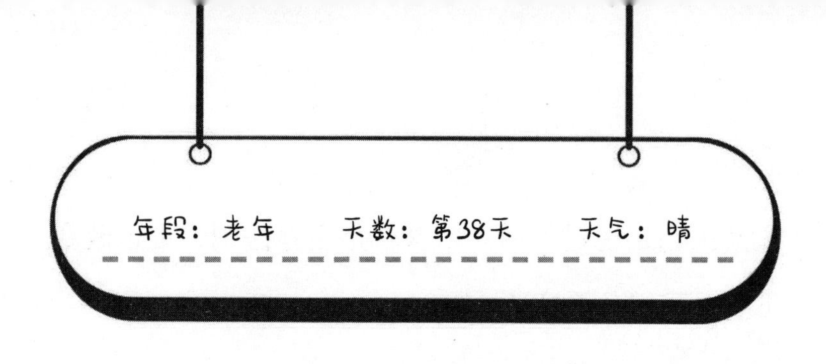

幸福时光

女王妈妈，当您第一眼看到我肥嘟嘟的样子时，就喜欢上了我，给我取了“阿蜜”这个名字。您知道吗？我永远不会忘记那幸福的时刻。

阿花姐姐，我成年礼的那天，你说你要送我礼物。于是，你把我带到万花谷，你说：“阿蜜，这里的花香，这里的阳光，这里的白云，这里所有的一切，都是我送你的礼物。”我兴奋地说：“我好喜欢你送我的礼物，我永远不会忘记这个快乐幸福的早晨。”

小欢，虽然我们不是同一个王国的成员，但你含着泪对我说，我是你最亲最亲的亲人时，你知道吗？我也掉下了眼泪，幸福的眼泪。

欢欢妹妹，我没有告诉过你，我还有一个姐姐叫“小欢”，但你比她幸福和幸运。要好好照顾自己。原谅我不能告诉你，今天，估计我要花恋了。

小花，我的好妹妹，你现在应该在匆忙地工作着，因为我知道，你就像我一样，勤劳是我们一生的好品质。今天，我故意躲着你，是不想你看到我的老态龙钟。我们永远是好姐妹。小花，好妹妹，你要照顾好自己。

……

此刻，阳光正好，风儿正轻，花香正浓。在万花谷，我躺在一朵花里，开始了我的花恋，做我美丽的梦，幸福的梦，开心的梦……

我来过这世界，我努力过，我开心过，我期盼过，我难过过，我生气过，我幸福过……

朋友们，这就是我——阿蜜，你们的蜜蜂朋友。再见！